北建文人

爱新觉罗启骧书

北京建筑大学校友会 编

2

中国建筑工业出版社

图书在版编目（CIP）数据

北建大人 . 2/ 北京建筑大学校友会编 . —北京：中国建筑
工业出版社，2017.10
ISBN 978-7-112-21235-4

Ⅰ . ①北… Ⅱ . ①北… Ⅲ . ①北京建筑大学—纪念文集
Ⅳ . ①G649.281-53

中国版本图书馆CIP数据核字（2017）第225429号

责任编辑：蔡华民
责任校对：李欣慰 王雪竹

北建大人2

北京建筑大学校友会 编

*

中国建筑工业出版社出版、发行（北京海淀三里河路9号）
各地新华书店、建筑书店经销
北京京点图文设计有限公司制版
北京方嘉彩色印刷有限责任公司印刷

*

开本：787×1092毫米 1/16 印张：6 字数：117千字
2017年10月第一版 2017年10月第一次印刷
定价：**48.00**元
ISBN 978-7-112-21235-4
（30784）

目 录

今日建大 ·· **61**

校友会动态 ·· **71**

基金会动态 ·· 81

民国前期，职业学校时期

20 世纪，是人类历史上命运多舛的时期，也是人类社会经历重大变革的时期之一。我校伴随着社会发展的进程，为了发展国民教育，拯救民族危亡，始终与时代同呼吸，奋勇前行。

1918 年 11 月 11 日，德国战败投降，第一次世界大战结束。为庆祝胜利，我校与北京各校一致于 14 至 16 日连续放假 3 天，在天安门前举行庆祝集会。蔡元培发表了《劳工神圣》的演说，李大钊发表了《庶民的胜利》的演说，他说：第一次世界大战的胜利是"民主主义的胜利，是庶民的胜利。社会的结果，是资本主义失败，劳工主义战胜"。他热烈称颂俄国十月革命。认为"1917 年的俄国革命，是 20 世纪中世界革命的先声。"(耿申 邓清兰 沈言 喻秀芳编，北京近代教育记事，北京教育出版社，1991 年 02 月第 1 版，第 107 页)

1919 年（民国八年），京师公立第一工业补习学校

根据《观察京师公立第一艺徒学校》记载，我们可以了解当时的办学简况。

首先，关于职员各事项有如下记载。一是，职员薪俸之收入。校长兼英文教授月薪五十八元。教员月薪最多三十余元，最少十余元。技师月薪最多二十八元，最少十余元。二是，教员暨技师担任之钟点。学校分金工、木工、化装三科，其课程钟点，前二年重在教授，自第三年起重在实习。每星期以二十九钟计算。其担任教授与实习之钟点，若金工、木工合班之第一、第二年级，系以九人分任 (教员及技师)，化装第一、第二年级及金工、木工第三年级，系各以六人分任 (教员及技师)。三是，职员联络之方法。有职员研究录，各项记载尚属认真。四是，各级教授及实习。观察金木两科合班几何画一课，绘范详明，说理真切，各生习绘亦知加意。又化装、版金合班英文一课，教授拼音，俾众轮读，发音既确，教法亦宜。关于工场实习，金工科分为五组：(1) 机械，系实习机器上应用工作及手操工具；(2) 锻冶，系实习锻冶机器上应用物件，(3) 版金，系实习文具及他项应用物件；(4) 电镀，系实习电镀金工上应用之品；(5) 铸

造，未见实习。监习技师共计四人。木工科实习分为两组：(1) 指物，系实习应用器具；(2) 模型，系实习机器上应用之模型。监视技师二人。化装科分为三组：(1) 胰皂，系实习煮胰入模分条等工作；(2) 香粉，系实习碾粉过筛等工作；(3) 制碱，系实习调碱入模等工作。综观金、木、化装三工场之实习，其技师指导均见勤恳，艺徒操作亦晓规矩。五是，学校与家庭联络之方法。有家庭通信簿，其互相稽考艺徒之情形颇为认真。六是，工场及课内之管理。均见严整。

其次，关于学生各事项有如下记载。一是，自治力：上课下课均有秩序；各教室内多知加意清洁；服用均甚朴实。二是，自动力：听讲时多知注意实习；各生徒亦间有自动操作；各项制品成绩不乏自出心裁之工作。三是，体育：课内之姿势尚见端正；未见有身体检查事项。四是，公共心：检查操行簿之评记对于此项稍欠注意；实习操作时尚知互相扶助；公共物件及房屋并无损害等事。

此外，还记载了以下事项。据该校长云，因房舍不敷，暂不寄宿。全校学生自二年以迄本年之比较，最少时八十七人（三年八月）。至学生年龄，最长者二十三岁，最幼者十二岁。每星期教授及实习之钟点，因四时而异。立冬至立春三十六时，立春至立夏三十九时，立夏至立秋四十二时，立秋至立冬三十九时。电镀组毕业十八人（二年度），胰皂组毕业六人（二年十月）。造品成绩除各类应用物品外，曾制有压皮机一架，价值数百元。并有新制压棉机两架，式样既便，价值亦廉（每架定价二十元）。经费月入五百元。据云，除各职员、技师薪水外，堪供工场费用者不逾百元。现在由局每月另加百元作为储蓄金，藉异日扩充工场之用。金工科工场器具，除煤油发动机暨车床大钻床诸要件外，其余应用各项器械亦见粗备。（《教育公报》第一年第七册附录第30—32 页，民国教育部总务局文书科公报室编，1938 年；朱有瓛主编，中国近代学制史料第 3 辑（下册），华东师范大学出版社，1992 年 01 月第 1 版）

1919 年 6 月 6 日，《京师公立第一艺徒学校校长陈懋遵拟改良计划书》提出校名拟改为京师公立第一工业补习学校。

1919 年 9 月 30 日，根据教育部指令第 1713 号（艺徒学校改组为职工学校应照准），"令 京师学务局 呈一件艺徒学校改组为职工学校缮具简章请核示由。"学校改组为职工学校。理由是"查该局直辖京师公立第一艺徒学校，校务废弛。现拟切实整顿，改组为职工学校，自应准予照办。所拟简章大致尚合，惟第三条有术学二字，并非通行名词，应仍改为数学，以免误会。再，该校自民国成立以来，迄未报部，此次既经改组，应饬遵照实业学校规程第一条、第十条及民国二年四十九号布告并备具计画说明书，详晰呈报，以凭核办。仰即遵照。此令。"

教育部指令第 1713 号，艺徒学校改组为职工学校

学校当时提交给教育部的请示中，陈明改组要义："窃以职业教育一项所以造就生徒之技能，对于无力升学学生关系綦重。京师各小学校学生家境贫寒者十居五六，以致毕业后多数不能升学。又以无适当技能，不能投身社会事业，因而谋生愈艰，及时挽救，实为当务之急。徒以学款不足，对于此项教育尚未能积极进行。查本局直辖之京师公立第一艺徒学校，成立于前清末造，民国以来沿袭未变，内中一切办法，揆之今日情势，多不适合，所授教科，则实习理论不相联络。学生轻视艺徒之名，毕业生往往不肯投考，以致整理维艰。值此教育经费万分支绌之时，增设职业学校一时实难办到，唯有先就艺徒学校改组为职工学校，专为无力升学学生欲从事于职业者授以相当之技能而设。凡以前办法之不适宜者，全行改正，另订新章，务以切于实际为主。爰将所拟简章送请大部鉴核，令示祗遵。敬呈。"

《京师公立职工学校简章》第一条就开明宗义指出办学目的：本校专为无力升学学生欲从事于职业者授以相当技能，以备发展社会事业，并营谋个人适宜之生活为目的。其余主要条款有：第二条，设金工木工两科，并得设其他各项职业科。金工科注重机械实习及锻工铸工，以制造五金杂件为主。第七条，入学资格，以高小学校毕业及有同等学力，年在十六岁以上、身体强健为限。第十条，所有在校学生，一律免收学费。第十一条，不得中途退学，如有特别事故必须退学者，应按每月一元计算追缴学费，即由保证人负完全责任。第十二条，学生修业期满，成绩及格者，给予毕业证书。第十三条，毕业成绩优良者，得由本校介绍职业。（《教育公报》第 6 年第 11 期。1919 年 11 月 20 日。陈元晖主编．实业教育师范教育．上海教育出版社。）

1920年（民国九年），京师公立职工学校

　　1920年，学校改组更名为京师公立职工工业学校，后又改组定名为京师公立职工学校，程度与中学相等，派阎宝森为校长（第四任）。学校设金工、木工、化妆品三科。金工、木工两科，各设主任1人，每月经费986元。前后毕业学生四班。

　　第四任校长阎宝森，生卒年不详，直隶易县人，直隶高等师范学校毕业，1917年曾任京师公立第四中学校斋务学监。

　　1920年12月24日，阎校长辞职，京师学务局委任韩作宾为第五任校长。韩作宾，生卒年不详，直隶丰润人，北京工业专门学校、北京大学工学院机械科1919年7月24日毕业，于1919年12月19日参加第二届现代文官高等考试，获得优等成绩，时年26岁。（《现代文官制度在中国的创构》李俊清著；耿申 邓清兰 沈言 喻秀芳编.北京近代教育记事.北京教育出版社，1991年02月第1版.）

　　今可查毕业生信息较少。1948年毕业证书遗失补办证明书记载："兹证明魏春阳（男）山东历城人于民国九年八月（1920年）入京师公立职工学校金工科，民国十二年六月（1923年）毕业。前京师公立职工学校校长现任津浦区铁路管理局天津机厂工事组组长韩作宾。前京师公立职工学校主任教员现任国立北京大学工学院图书馆员刘埒厚"。

　　根据北京大学工学院1910年-1939年院友名录记载：1919年，机械科韩作宾，刘埒厚。说明他们均为北京大学工学院1919年机械科毕业，当时学校师资质量可见一斑。

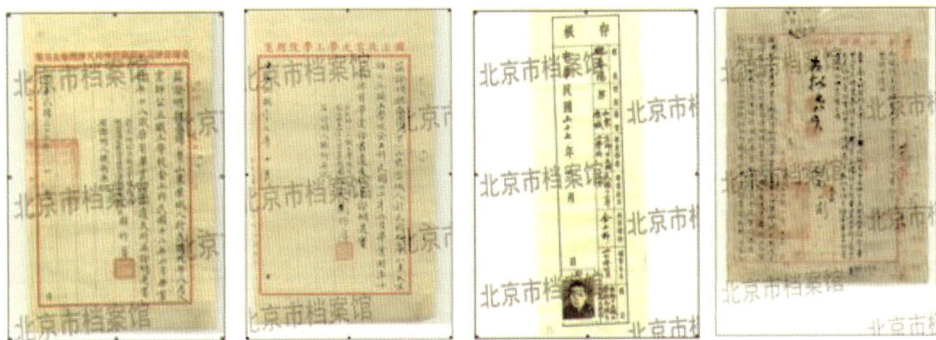

京师公立职工学校毕业证书遗失补办证明书，民国三十七年一月（1948年）

　　根据1926年第9期《市政月刊》记载，学校名称成立年月每月补助款数调查情形的摘要显示：京师职业学校，民国十年四月，五十元，该校附设于农会，各种设备殊欠完全，化验室尘封狼藉似已久未启用，据教务主任王君面称经费奇绌，设备欠缺，不

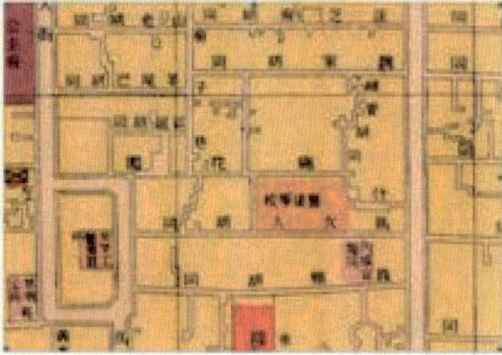

京师公立职工学校校址地图，民国十年（1921年）

敢自讳，该校虽在停课期内，毫无整理之精神。（邓菊英 高莹编.北京近代教育行政史料.北京教育出版社,1995年09月第1版）

1921年仲夏，为了反对强权，争取权利，学校积极参加全市公私立大中小学校罢课运动，声援北京国立八校索薪斗争及清华学生。起因是，6月11日，清华学生因支援北京国立八校索薪斗争，举行了"同情罢课"。在美国董事的指使下，董事会竟罚全体参加罢考的1921级和1922级学生留级一年，推迟出洋。当时，在学生的强烈反对与社会舆论的谴责下，中国董事有意撤销处分，但终恪于美董事之意而未能成。是日，全市公私立大中小学校俱罢课。（耿申 邓清兰 沈言 喻秀芳编.北京近代教育记事.北京教育出版社，1991年02月第1版.）

1922年6月，京师学务局委任崔瑜接任本校第六任校长。

崔瑜，生卒年不详，北京大学工学院1910年化科毕业。1945年抗日战争胜利后，省（指湖北省 编者注）府迁回武昌，当时省府已有卫生处之设置，……其组织人员如下：第二科科长何思惠，技正崔瑜。（武汉市武昌区地方志编纂委员会.武昌区志 下卷.武汉出版社,2008.06.）

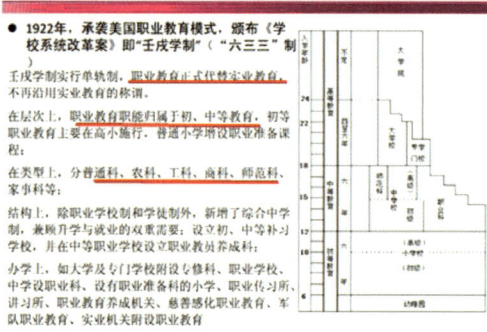

● 1922年，承袭美国职业教育模式，颁布《学校系统改革案》即"壬戌学制"（"六三三"制）

《学校系统改革案》民国十一年九月，1922年9月

9月，国民政府教育部召开全国学制会议，颁布《学校系统改革案》，主要内容如下：一：发挥平民教育精神；注意个性之发展；力图教育普及；注重生活教育；多留伸缩余地，以适应地方情形与需要；顾及国民经济力；兼顾旧制，使改革易于着手。二：实行六三三制，即初级小学四年（从6岁开始），高级小学二年；初级中学三年；高级中学三年；大学四至六年。三：为使青年个性易于发展，采用选科制；为适应特殊之智能，对于天才者之教育应特别注重，其修业年限得予以变通；对于精神及身体上有缺陷者，应施以特殊教育；对于年长学者，应进行补习教育。

1923年（民国十二年），京师公立职业学校

1923年8月，根据教育部《学校系统改革案》，学校改组定名为京师公立职业学校。分机械、化学两科，每科招学生一班（称第一、二班），三年毕业，每月经费增至1112元。地址内左二区东四北南扁担胡同（今南阳胡同）。（北京档案史料1999年第2期）。

根据《京师公立职业学校管理员一览表》（1923年8月）记载，学校管理人员名单为：校长崔瑜，直隶人，京师高等实业学校毕业；监学张宗海，直隶人，北京大学毕业；庶务黄德源，直隶人；会计崔琢甫，直隶人，直隶农业学校修业；书记董书智，直隶人，京师公立职工学校毕业；书记金裕沧，京兆人，京师公立职工学校毕业。

《京师公立职业学校管理员
一览表》民国十二年八月，
1923年8月

京师公立职业学校校徽

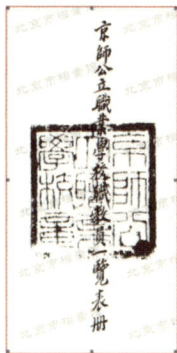

京师公立职业学校章

1924年，招机械科新生一班（为第三班）。

1926年1月，京师学务局委任于桂馨为第七任校长。

于桂馨，生卒年不详，别名伯阳，直隶高县（高阳）人，我国造纸专家。香港大学机械工程专业毕业，北洋工学院西京分院数学教员。先后任北京市工业职业学校教员和校长。后来考取公费，赴英国学习造纸机械。回国后，在天津河北省立工业学院任教授，兼教务主任。抗日战争时期，在重庆办造纸厂。抗日战争胜利后，受命去台湾接收造纸厂，以后任过

《京师公立职业学校管理员一览表》
民国十五年二月，1926年2月

厂长和造纸公司经理等职。(刘蜀永.一枝一叶总关情.香港大学出版社,1993年第1版.)

根据《京师公立职业学校管理员一览表》(1926年2月)记载,学校管理人员名单为:校长于桂馨,直隶高阳人,香港大学工科毕业;教育科主任兼舍监孙涤黔,直隶人,北京大学地质系毕业;金工科主任董士贞,直隶高阳人,直隶工业专门学校毕业;化学科主任张宗海,直隶人,北京大学化学系毕业;事务科主任黄德源,直隶人;事务员彭秉正,直隶高阳人,保定第六中学毕业;事务员王懋忠,京兆人;书记金裕沧,京兆人,京师公立职工学校毕业。

1926年,暑假第一、二班毕业,续招机、化科学生各一班(为第四、五班),并改为四年毕业。

1927年,第三班学生毕业,续招机械科新生一班(为第六班),每月经费增至1264元。据《京师公私立中等学校一览表(民国十六年[1927年]五月调查)》记载,学校有14名教师,3个班级,51名学生,地址为东四什锦花园。资料来源:《京师教育周报》1927年6、7期,北京近代中学教育史料(下册)。

1928年(民国十七年),北平特别市公立职业学校

1928年,国民革命军北伐成功,南京国民政府成立。6月21日,国民党中央政治会议第145次会议决定,"北京"于6月28日更名为"北平",并设北平特别市,直隶国民政府。

7月,奉北平特别市教育局令,学校改称为北平特别市公立职业学校。于桂馨校长辞职,由段其琨(段其昆)继任第八任校长。添招机械科新生一班(为第七班),又添招平民识字班三个班,功课由教职员及学生分任,学校各方面均有所扩展。每月经费增至1488元。图书260余册。

段其琨,生卒年不详,籍贯河北人,北洋大学毕业。曾参加创办《胜利报》,(1939年创刊,中共宁津县委主办,负责人邱玉栋、

北平特别市公立职业学校印章及校长印鉴,
民国十八年一月,1929年1月

段其琨，同年停刊）。（河北省地方志编纂委员会编．河北省志 第82卷 新闻志．中华书局,1995年08月第1版．）曾任湘桂黔铁路局苏桥机厂厂长（国立北平大学工学院桂林同学会,张研,孙燕京主编．民国史料丛刊1030 史地·年鉴．大象出版社,2009.02.）

1928年8月至10月，学校有一位英文教员许君远（1902—1962），是我国著名出版人。许君远，河北安国人，1928年7月自北京大学英文系毕业。自离开学校后，曾任《庸报》编辑，1936年担任上海版《大公报》要闻编辑，抗日战争爆发后，先后担任《文汇报》《大公报》编辑。1941年香港沦陷后，转赴重庆担任国民党《中央日报》副总编辑，后在重庆美国新闻处工作；1946年出任上海《大公报》编辑主任，兼任上海暨南大学新闻系客座教授,讲授报刊编辑学。1949年5月上海解放后,调任《大公报》资料组组长。1953年调上海四联出版社任编辑，1955年任上海文化出版社编辑室副主任；1957年被划为右派分子，1962年病逝。（眉睫著．现代文学史料探微．上海远东出版社,2009.08）

1929年3月，段其琨校长辞职，由李潭溪（字仙洲）继任第九任校长。李潭溪，河北高阳人，日本东京工业大学毕业。聘刘福泰为教务主任，张斌炜为训育主任,王芝田为事务主任，潘廷燦为机械科主任，董学奉为化学科主任。

李潭溪，字仙洲，化学家，教授。1902年1月7日出生于河北省高阳县。1925年，毕业于天津直隶

1929年（民国十八年）

北平特别市公立职业学校
校长李潭溪（1929年3
月-1937年7月）

省立工业专门学校，由直隶省教育厅派往日本留学，在东京工业大学进修皮革化学及油脂化学。1929年，回国后任国立北平大学工学院制革教师兼北平市立高级工业职业学校校长（注：应为北平市立高级职业学校）。1937年，抗日战争开始后，到后方任西安临时大学、西北联合大学工学院化工系教授。1938年，西北联大撤销，李仙洲在西北工学院任化工教授并兼系主任。抗战期间，陕南汉中地区照明的蜡烛及肥皂异常缺乏，他曾利用桐籽灰提制烧碱，与当地产的乌桕油试制肥皂。并改良当地原产的柏脂做的蜡烛。曾与几位西北工学院化工系毕业生在陕南城固县成立油脂化工厂，制作肥皂及蜡烛，方便了人民，填补了市场上的缺欠。1943—1945年间，陇海铁路洛阳至天水段，因被敌人封锁，机车用的汽缸油不能进口，以致行车困堆，于是他开始研究汽缸油及刹车油等，并在西安设立了化学工业社，专作汽缸油、刹车油及各色颜料、油

漆，供陇海铁路使用，便利了火车行车。1950 年，李仙舟任四川省南充市川北大学教授兼教务长。1952 年回西北工学院任教授。1953 年参加九三学社。1957 年西北工学院与西安航空学院合并后任西北工业大学教授兼二系主任。1958 年曾研究过用农副产品制作糠醛，并设立校办小型糠醛厂，让学生在工厂进行工作锻炼，产品也曾上市销售。1963 年为中国化工学会会员，并被选为理事。(《中国科学家辞典》编委会 . 中国科学家辞典 现代第四分册 . 山东科学技术出版社,1985 年 01 月第 1 版。)

1929 年 4 月，学校扩充校舍，装设电灯 50 余盏。训育主任张斌炜因事辞职，由刘永立继任。

1929 年 7 月，添招机械科新生一班（为第八班），每月经费增至 1758 元。刘福泰奉赴日留学，由李潭溪暂代化学科主任；教务主任由张永寿继任，机械科主任潘廷燦因事辞职，由何震瀛（何冠洲）继任。

1929 年 11 月，因北平市提高职教员待遇，每月经费增至 2006 元。学校扩充体育设备，并成立篮球队。学生组织《职光》月刊社，每月刊行《职光》一册。扩充游艺室，成立音乐会。整理图书馆，添购书籍杂志。

我校教员刘瑶章，曾任北平市市长，1949 年随傅作义起义，为和平解放北平和北平市政权的顺利移交做出了重要贡献。

刘瑶章，1897 年出生，河北安新人。1922 年毕业于北京大学哲学系。1929 年至 1932 年,任学校教员。1921 年至 1928 年,任北京、天津《益世报》(《益友报》) 编辑，国民政府劳工部科长，南京中央通讯社编辑主任，专科以上毕业生就业训导班训导员。1925 年加入中国国民党，1938 年中国国民党中央训练委员会成立后，任主任秘书、委员，并一度兼任指导处处长。国民党河北省党务指导委员会宣传部长。1932 年至 1949 年，任东北国民救国军驻沪通讯处秘书，中央抚恤委员会秘书，国民参政会参政员，国民党河北省党部主任委员，CC 分子，国大代表，河北省临时参议会议长。1948 年 7 月 1 日—1949 年 1 月 31 日,任北平市市长，1949 年随傅作义起义。新中国成立后，任水利部办公厅主任、部长助理、顾问，中央社会主义学院副总务长。抗美援朝时，担任中国人民志愿军公路工程第一大队副大队长，入朝作战，胜利后受到奖励。他担任全国政协委员 30 年，积极参政议政，向港、澳、台和国外亲友宣传祖国现代化建设成就，为早日实现祖国统一大业进行了不懈的努力。1993 年 5 月 28 日逝世于北京。(俞兴茂 吕长赋 . 中国人民政治协商会议第七届全国委员会委员名录 . 中国文史出版社,1990 年 04 月第 1 版，以及网络信息 .)

刘瑶章，教员

1930 年（民国十九年），北平特别市市立职业学校

1930 年 1 月，学校奉局令改名为北平特别市市立职业学校。张永寿、刘永立因事辞职，聘艾宜栽为教务主任，李彦斌为训育主任。

艾宜栽，1903 年出生于河北省怀来县新保安镇。1922 年由宣化直属省立第十六中学毕业，考入天津市河北工业学院。走出学校，正当第一次国共合作，进行北伐战争时期。1927 年，他参军任国民革命军第三集团军前敌总指挥部政治处少校股长。不久他脱离军界转任河北省政府视察员。1929 年，开始从事职业教育。在我校任教务主任。1931 年，兼任北京成达师范学校教务主任职务。这是一所培养通汉、经（伊斯兰教经义）、伊斯兰教阿訇和回民小学师资的学校。从此，他便致力于民族事务。1937 年，北平沦陷，成达师范迁校于广西桂林。1939 年他又被推选到重庆，担任回民救国协会理事，兼第一组主任，为团结发动全国穆斯林参加抗日救国运动，尽职尽责。在持久抗日、物资供应十分困难的 1942 年，他到陕西省西安市创办了永昌化学工业社，担任副经理。这个社的主要产品是精炼植物机油，以这一新产品代替进口十分困难的矿物机油。新中国建立后，他在北京创建回民印刷厂，并担任厂长。后成为有名望的阿訇，被选为政协北京市东城区委员会副主席、北京市伊斯兰教副主任兼东城区伊斯兰教协会主任。（中国人民政治协商会议怀来县委员会文史资料工作委员会编，怀来文史资料第 3-4 辑，1998 年 05 月第 1 版，第 406 页）

1930 年 4 月，学校修葺机械工厂，并油饰全校各处门窗，焕然一新。6 月，由机械科主任何震瀛率领机、化两科四年级学生赴天津、塘沽参观各大工厂。7 月，第四、五班学生毕业，续招机械、化科新生各一班（为第九、十班）。9 月 15 日，本校二十三周年校庆纪念日，举行游艺会，扩大庆祝，并招待学生家长。

艾宜栽，教务主任　　李彦斌，训育主任

1930 年 12 月，学校名称改为北平市市立职业学校，简称"北职"。学校不收取学生学费，入学新生交保证金 6 元，每学期交体育费 1 元、赔偿费 3 元、杂费 6 元、制服费一年级 7 元，其余各年级 3 元，膳食全年 55 元，住宿费 10 元。在教学指导方面多用启发式的教授法，并注重实验。学生学习则理论实习并重，由教员领导学生多做制造方面的研究，如共同组织研究会、课外实习及从事参观等。学校宿舍兼做学生自

北平市市立职业学校校址地图（《旧都文物略》），
1930 年

第一次中国教育年鉴 丙编 教育概况，北平市市立
职业学校开创北京职业教育

北平市市立职业学校附设民众识字班报表（部分），
民国二十年三月，1931 年

习室。学生训练，分个人训练和团体训练两种。该校体育分为课内体操和课外运动，由体育教师负责指导，课外运动分组练习，并于每学期举行运动会一次，以观成效。(《北京教育史》（学苑出版社，2011 年出版）)

1934 年 5 月，由民国政府教育部编纂，上海开明书店出版发行的《第一次中国教育年鉴》中记载了 1930 年 9 月北平市职业教育情况："一、沿革。1、最初创办时之情形。前清光绪三十三年京师督学局为造就职业人才起见，就原学政署旧址创立初等工业学堂，九月招生开学，毕业年限定为四年，北平市之有职业教育自此始。"彰显了我校在中国教育界办学的历史地位。

1931 年 2 月，聘李守愚为化学科主任。

1931 年 3 月 1 日，招收民众识字班 4 个班开学。甲班 21 名，乙班 23 名，丙班 36 名，丁班 34 名，合计 114 名，学习时间 3 个月。

1931 年 3 月，成立北平市市立职业学校月刊社，出版《职业月刊》，自 1931 年 4 月至 1937 年 6 月，共出版了 51 期。

1931 年 6 月，何主任率领第六班全体学生往天津，唐山等处参观。暑假，第六班学生毕业，续招机械科新生一班（为第十一班），添招化学课新生一班（为第十二班），每月经费增至 2387 元。

1931 年 9 月，机械工厂添购电动

机一架、化学试验台四座、制图板一百六十块。

1931年10月，学校添置物理仪器四十余种，建筑储存室二间。

学生宿舍

漱洗室

学生宿舍（1932年）

1931年10月8日至14日，学校积极参加北平各校学生抗日救国联合会组织的双十节扩大抗日宣传周，每日下午各校停课，做宣传工作，表达教育界对抗日斗争的支援。各校的任务是讲演，发表反日宣传品。本校为第六区。宣传区域是东单，东四，朝阳门，参加学校有：我校、女子学院，蓟门学院，第一助产学校，女青年会，女子西洋画学校，尚义师范学校，体育学校，育华中学校，法学院三院，蒙藏学校，扶轮学校，志成中学校，市立三中，北方中学，市立商业学校。（中国抗日战争史学会 中国人民抗日战争纪念馆.抗日战争时期重要资料统计集.北京出版社,1997年04月第1版.）

1932年1月，学校举行演说竞赛会以及七项竞赛运动会。

1932年2月，学生宿舍迁至嘎嘎胡同12号，加以扩充，并装设电灯电话。

1932年3月，学校增置图书二百余种。

1932年5月，由教务主任艾宜栽，机械科主任何震瀛率领学生赴南口、青龙桥、明陵等处旅行，并参观平绥铁路南口机厂。

1932年6月,修葺工师住室及天秤室。由何震瀛主任率领第七班学生赴天津、塘沽、唐山等处参观各大工厂。

1932年7月，第七班学生毕业，续招机械科新生一班（为第十三班），添招化学课新生一班（为第十四班），每月经费增至2707元。学校成立《学校一览》编辑委员会。

北平市市立职业学校新生、编级生一览表（部分；含新生机械科40名，化学科36名；编级生机械科12名，化学科4名）（1932年9月）

北平市市立职业学校之钤印

1932 年 9 月，成立课程暂行标准拟定委员会。

1932 年 9 月 15 日，举行纪念建校二十五周年活动。

北平市市立职业学校第二十五周年纪念全体合影（1932 年 9 月 15 日）

1932 年 10 月，学校举行秋季运动会，添购化学科分析用天秤两架，图书仪器等，组织工艺出品合作社。

（撰稿：王锐英（道桥专业 1978 级） 资料收集：王锐英，张庆春（给排水专业 1973 级），赵京明（工民建专业 1971 级），魏智芳（1990-2013 年在我校工作）编辑：沈茜（道桥专业 1990 级））

千锤赤子心，百炼大师梦

——记 1979 级校友杨伯钢

杨伯钢，1960 年 7 月生，陕西临潼人。我国城市工程勘察领域知名专家和技术带头人，国务院政府特殊津贴专家，全国工程勘察设计大师。现任北京市测绘设计研究院常务副院长，兼任中国科协八大代表，中国勘察设计协会理事，中国勘察设计协会工程勘察与岩土分会常务理事，中国测绘学会副秘书长、北京测绘学会理事长、北京市科学技术协会常务委员、《北京测绘》杂志编委会主任、城市空间信息工程北京市重点实验室副主任等职务。杨伯钢先后获得全国建设系统先进工作者、奥运工程优秀建设者、"十一·五"测绘地理信息科技管理贡献奖等荣誉。获得全国优秀科技工作者称号，入选北京市百千万人才工程，被评为北京市有突出贡献的科学、技术、管理人才，北京市博士后杰出英才。主持重大工程项目数百项，项目成果获得国家科学技术发明二等奖 2 项，省部级科学技术奖 20 项，全国优秀工程奖 25 项，出版专著 10 部，发表论文 60 余篇，编制行业和地方标准 10 部，是我国城市测绘与地理信息领域的知名专家和技术带头人。

回忆母校时光，奋斗的赤子心

母校，是每个人记忆里青春舞动的亮斑；母校里的自己，是最热血翻跃的模样；而从母校学到的，则是你我毕生宝贵的财富。

提及母校，杨伯钢学长流露出少年般期待的眼神。学长说，令他印象最深的，就是李瑞环同志主持的他们那一届学生精彩的开学典礼。受到鼓舞的他，在整个大学期间都保持着最初的一腔热血，不怕吃苦，拼搏乐学。

乐学、苦学是学长回忆里的主题，绘图基础课上，从开头的什么都不懂，到精于硫石磨笔，动手绘图。他借这门课所用的铅笔，比喻自己的专业——城建工程测量专业为"尖兵专业"，一语双关，乐学、苦学的精神得以彰显。"刚刚来到北京建筑工程学院那会儿，没有三维激光，没有遥感，没有各种先进的设备，有的就是一股子拼劲儿和干劲儿。"他深情地回忆起当时的情景。如今的测绘工作，虽有先进仪器，但外业操作依旧辛苦，可想而知当时的实操实测条件多么艰苦。可用学长的话来说，这是一种"历练"。走出课堂，认真实习，积极跟随老师外出实测，将"理论－实操－实测"的学习历程一一实现。学习专业课之余，学长最喜欢知识问答，而且痴迷于此。他说，改革开放初期，在20世纪80年代到90年代，全国风靡知识竞赛。他就是其中一员参与者。1984年，他还得过北京市的奖项。钻研知识竞赛，是他调整身心，整修自己的好方法。每当他感觉到累的时候，他不会选择单纯休息，或者轻易放弃，而是选择研究一下感兴趣的事情，休息片刻后，继续奋斗。

除此之外，和老师、同学在一起的时光也格外美好。学长娓娓地讲述，当初校园里的嬉耍，当初绿茵场上挥洒的汗水，是一群正值青春的赤子，也是一个紧紧团结的团队；而当提及恩师，学长的语调变得激动而兴奋，他口中的恩师，是课堂上孜孜不倦讲授知识，是生活中春风化雨关爱学生，为人师表，以德育人的良师益友形象。

拼搏之路，坚定追寻大师梦

从1983年毕业开始工作起，杨伯钢学长的拼搏历程是一路的勤奋肯干，一路的超越自我。以"为首都建设做贡献"为目标，"踏实肯干、刻苦钻研、谋划在先、超越自我"是他工作的原则。成功，于他来讲，不是一蹴而就，不是年少轻狂的美梦，而是学习、生产、质量、科研的有机结合。

1983年至1988年，杨伯钢学长参与了多项北京市道路规划测量工程，主持大小工程数百项。工作之初的他，有着岗位新人具有的低敛与勤奋。白天，努力完成各项工作，晚上主动加班，一直过着"五加二，白加黑"的生活。1988年海南建省，学长又远赴琼州，参与几平方公里的环岛测绘、海口市市政测量等大规模工程。面对一片处女地，一切建设从零开始，需要自己完全摸索，杨伯钢学长和同事们面临的挑

北京市地表覆盖分布图

高程分级分布图

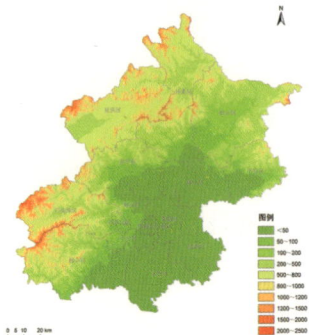

战无可估量，但结果却是意料之中的惊喜。看一眼今日的海南，学长他们的队伍给琼州岛的风光旖旎和便利生活提供了基础保障。

踏实肯干的杨伯钢学长工作中认真踏实，求学的脚步也从未停歇。1993 年，学长远赴日本研修，在完全陌生的生活工作氛围中，他坚持精益求精、吃苦耐劳、追求品质的求学和工作态，认真完成了当地多项测量工作。在这些年的积淀后，他的专业技术更加精进。1994 年，34 岁的他成为北京市测绘设计研究院最年轻的副院长。

随着时代发展，传统的模拟测绘体系向现代数字化测绘技术体系、信息化测绘技术体系发展，3S 技术的集成化和一体化进一步服务于实际。年近不惑之时，他意识到测绘技术迭代时代的到来，自己知识更新的需要迫在眉睫。他开始在稳抓专业基础的同时开始重视进一步学习和投入科研创新之中。2003 年，学长在北京林业大学研读博士学位，随后又在北京大学修读博士后，中年的他没有止步和满足现状，而是像血气方刚的少年，怀着一颗赤子之心拼搏奋斗。近年来，学长以自己雄厚的知识积淀，作为多项研究课题的负责人，运用和研发测绘基础理论与技术，先后完成了审理计测信息化关键技术与应用、国家地理信息应用检测系统研制与应用、数字航空遥感新技术体系研究与应用、北京市基础地理空间框架基准体系建设等涵盖面广的课题，解决了若干行业难题，填补了技术空缺。这些研究的过程一定是枯燥和困难的，但被问及坚持下来的原因，学长却笑呵呵地说："人要不断学习，才能超越自我啊。成为大师是我的梦想，机会是留给有准备的人的！"

千锤万击，百炼成钢

杨伯钢学长一步步成为"全国工程勘察设计大师"的道路，布满了艰辛挑战，同时，也充满了辉煌成果。

30 多年来，他一直扎根一线，研究方向涉及数字城市和智慧城市建设、数字航空遥感新技术体系、测绘信息化关键技术、空间数据获取与更新应用、生态环境监测、城市精细化管理系统、地理信息应急监测系统、精密工程测量等，主持了国家、省部级重点工程百余项，攻克了城市测量领域一道道难关，获国家科学技术发明奖 2 项，省部级以上科技进步奖、优秀工程奖 40 余项。发表学术论文 50 余篇，出版专著 9 部，编制国家、行业、地方标准 10 部，获得国家专利 8 项。他积极践行"综合测绘服务"的理念，发挥责任担当精神，为首都规划建设和城市精细化管理奠定了测绘地理信息数据基础，做出突出贡献。

城六区2015年城市下垫面各地类分布图

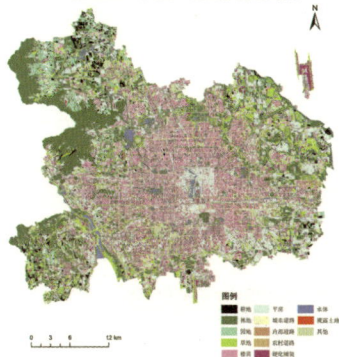

他作为北京市测绘学会理事长，带领学会积极向市政府献言献策，先后获得北京市"5A 级学会"、"百强社团"创建单位、"首都文明单位标兵"等荣誉称号。

学长说，单单确立大师梦还不够，至少还要有 10 年以上的积累，才能有成为大师的潜质。"了解目标，盯准目标，多方互助，文章积累，独创专利"这 20 字的成功感悟涵盖了学长大师光环下的努力付出。

他的人生目标里有"三个十"："十个专利、十本书、十个标准"。意思是发明十个专利，写十本书，制定十项行业标准。梦想，似乎是学长的马力十足的发动机，不论是年少时光里，还是中年生活中。大师的人生，困难与努力共存，挑战与成果同在。梦想的力量不可估量，赤子之心炽热不退温。

怀念母校，携手前行

可以看出，母校对于学长来说，是记忆里的一个闪光点。同学间的友谊，老师的关怀，书本上的知识，绿茵场上的热血，还有在校园里遍布的青春……学长说，北建大培养了他精益求精的钻研精神、踏实肯干的工作作风和诚实守信的做人准则。在测绘科技与时俱进，测绘地理信息工作重点由生产型向研发型转变的现在，他希望能和母校多多联系，培养更多有科研能力的学生人才，产学研用，共同进步，一起为北京市建设提供更好的服务。

寄语学弟学妹：

珍惜校园生活，这将是你们宝贵的财富；

努力学好专业知识，尽可能增加自身内涵；

养成读书和运动的好习惯，做一个身心健康的人！

（供稿人：王欣宇　　编辑：沈茜）

四年建大人，一生建大情
——记1983级校友张宇

张宇，男，1964年生，1987年北京建筑工程学院（北京建筑大学前身）建筑学专业毕业。北京市建筑设计研究院有限公司副董事长、副总经理、总建筑师。教授级高级建筑师，国家一级注册建筑师，全国工程勘察设计大师。

当代中国百名建筑师，中国APEC建筑师，中国建筑学会常务理事，资深会员，中国箭镞学会建筑师分会副理事长，中国文物学会20世纪建筑遗产委员会专家委员，中国勘察设计协会建筑分会技术专家委员会主任委员，中国城市科学研究会景观设计学与美丽中国专业委员会副主任委员，北京未来城市设计高精尖创新中心学术委员。

选择建筑：缘系一生

当初选择建筑学专业对张宇学长来说是机缘巧合。他自幼喜欢天文，并在少年时期获得过许多天文社团的奖项。但是，绘画也是他的兴趣，所以考大学时，他最终选择了建筑学专业。就这样，1983年，张宇来到了北京建筑工程学院建筑系开始学习。

虽因机缘选择了建筑学，张宇却在建大校园里跟建筑结下了不解之缘。那时，建筑学专业的学生放假时常常留在学校里练画画、出去写生，或是到资料室抄资料。"当时没有互联网信息化的工具，手头的资料也没有现在这么多，除了学校的图书馆，我经常去当时的国家图书馆借国外建筑资料，但这些资料的质量也远没有现在的好"，张宇深情地回忆起那段在建大的岁月。

那个年代，虽然上学条件艰苦，但是学校的教学模式完善，师资力量雄厚。"有时间就背着画架子，到处写生。在写生的过程中，可以感觉建筑，感觉构图，感觉光与线条。"这种基本绘画能力的训练使得他在实践中更充分地理解了课本上的许多内容，锻炼了基本的专业能力，养成了一定的专业素养。

张宇说，建筑学专业的老师总是手把手教每一个学生。尤其在当时，教师多，学生少，每个同学都能够得到多个老师的指导，使得每个学生可以全方位提升能力，学生非常幸运和幸福。许多老师的实践经验丰富，手绘和设计能力非常强，这些令当时的张宇很佩服。

张宇说，母校理论联系实践的工程教育培养理念让他终生难忘，受益匪浅。在完成学校的理论学习之后，学校一定会安排学生参加到实际项目实习。当时，他去了川东南地区进行实习。他们在老师的指导下穿山越岭，实地调研了风土人情、地形地貌、原住民期望与政府规划部门要求，最后将调研成果作为重要部分收录到实习课题中，进一步完善自己的项目。实习过程虽然艰辛，他却获得了许多书本上得不到的知识，使他对建筑、对建筑设计、建筑师有了更深刻的认识，所以，在三十多年后的今天他依然印象深刻。另外，在校期间，他参与老师团队，为粟裕将军设计纪念亭，是他第一个最得意的作品。

张宇学长语重心长地提醒现在的建筑学专业学生："虽然现在计算机设计技术方便、功能强大，但徒手工作能力对建筑师而言依然很重要。在徒手画图能培养人对空间的概念，同时是构思设计的重要环节。"他还特意强调，建筑学的学生在大学阶段一定要把手绘等基本功打牢。

工作时期：勤学善练

张宇通过勤奋的学习与训练，毕业后顺利地被分配到北京建筑设计院（北京市建筑设计研究院有限公司前身）工作。他非常幸运能够在大设计院工作，有机会跟随许多老前辈完成了多项重大设计任务。例如：他跟随张默老师设计了北京天桥商场。在这些设计的过程中，老前辈们给了他许多教导和帮助，这些老师对于设计任务的要求很高，设计基本尺寸、比例要求严格，概念十分清晰。这也为他严谨的工作风格就源于母校老师及单位里的老前辈们的言传身教。

北京天桥商场

老师的教导对他的帮助很大，许多项目在关键点上都需要好老师的点拨，他非常感谢老师们，也感谢自己的机遇。

在海南建省初期的项目设计中，张宇进步最快，他不仅锤炼了自己的专业能力，重要的是，要锻炼了日后主持控制大项目的能力。作为年轻设计师，在海南，他有幸接触了许多在北京不可能参与的重大工程。他一到海南就马上开始了工作，没有任何适应的时间。时间紧迫，任务重大，他迎难而上，和同事们一起使尽可能自己的设计方案能满足投资方、当地居民的要求，协调好项目与外部环境的关系。

北京植物园展览温室工程的设计是他能够获得全国工程勘察设计大师的重要作品。北京植物园展览温室于 1998 年 3 月 28 日动工兴建，2000 年 1 月 1 日开始接待游人，展览温室建筑面积 9800㎡，占地 5.5hm²，是目前亚洲最大、世界单体温室面积最大的展览温室，其面积比昆明世博会温室还大一倍，堪称中国建筑史上的大手笔。展览温室划分为四个主要展区：热带雨林区、沙漠植物区、四季花园和专类植物展室。展示植物 3100 种 60000 余株，为群众提供观赏丰富多彩的植物景观、学习科学知识、具有较高品位的游览点。同时，又是进行园艺研究和国际研究交流的重要场所。张宇说，在北方设计温室难度较大哦，尤其是体量如此之大的温室。一方面，设计师要充分满足植物生长需要的光、水、湿度、温度等指标如何通过建筑设计得到实现，另一方面，也要充分考虑到游客体感和观感。当然，节能环保亦是同样重要。正因为，此项目难度大，设计效果出众，张宇奠定了作为优秀建筑师的地位。该作品获评 20 世纪 90 年代北京十大建筑奖、第四届（1997 年）首都建筑设计汇报展建筑艺术创作优秀设计方案一等奖、十佳公共建筑方案、国家设计金奖、部优、市优一等奖。

北京植物园展览温室

此后，许多优秀作品在他的笔下诞生。北京皇都商城获第三届（1996 年）首都建筑设计汇报展建筑艺术创作优秀设计方案二等奖、十佳公共建筑方案；中国电影博物馆是国际竞赛获奖项目（与美国 RTKL 合作设计），获第九届（2002 年）首都建筑设计汇报展建筑艺术创作优秀设计方案一等奖、十佳公共建筑方案；北京工体钰泰保龄球、网球中心工程，获"大世界基尼斯之最"；北京天桥商场获 1990 年具有民族特色的新建筑奖；海南信托金融中心大厦获海南建筑巡礼二等奖；公安部办公大楼获全国方案竞赛第一名。他的论文《面向 21 世纪的展览温室》(第三届亚洲国际建协论文)获第六届北京市青年优秀科技论文奖；科研项目上海科技馆生物万象景区，获上海科技进步一等奖、国家科技进步二等奖。他于 1997 年获中国建筑协会青年建筑师奖。

中国电影博物馆　　　　　中国科技馆新馆　　　　　博鳌 BFA 会议中心暨索菲特
　　　　　　　　　　　　　　　　　　　　　　　　　　　　酒店全景

目前，张宇正在带领团队进行故宫博物院北院，和中国家佛学院两个重量级项目的设计工作。将为他的职业生涯增加浓墨重彩的一笔。

故宫博物院北院　　　　　　　　　　　　中国佛学院

天命之年：寄语建大后辈

建设师，要热爱美，热爱建筑，关爱人，要有激情，才能使你的设计有感情，有热情，有温度，你才会对建筑设计永葆一颗初心。当然，建筑师还有韧性，才能在不断打磨中设计出至臻至纯的作品。

建筑师，要具有人文情怀，要关心自然与人文，要把建筑放置在自然、社会环境中思考，建筑不仅仅是房子，不仅仅是提供遮风避雨的庇护所。

"精益求精，实事求是"的校训，很符合我们学校的特点，是建筑师、工程师、城市建设者管理者们应该时刻遵循的准则。当然,希望学弟学妹们不仅要"实事求是",更应该做到"仰望星空",能够对当前的建筑行业有自己的认识,在此基础上敢想敢干,锤炼创造力,早日建功立业。同时,"精益求精"是基本要求,对于每一个项目各个专业的配合,细节的讲究,每一个环节的考究都需要做到至善至美。这样才能打造出精品。

最后,张宇学长祝福母校:"希望即将迎来一百一十年华诞的北京建筑大学在新的一百年中,为祖国培养出多学科的世界级大师。"

（供稿人：宁楠　　编辑：沈茜）

为人民的事业奋斗一生
——记 1954 级校友岳祥

岳祥（原名李森），1930 年 6 月出生于北平。北平市立高等工业职业学校（我校前身）1945 级机械科学生，我校地下党员发展的第一批党员，地下党支部第一届委员会委员。退休前，任全国人大常委会法制工作委员会秘书长。

在采访岳老之前，笔者曾与岳老通过电话。当电话另一端传来的是一个中气十足的声音时，笔者不禁有些吃惊，这哪里是年近九十岁高龄的老人的声音！事后，我才了解到老人家身体很不好，但是精气神不输年轻人。

当来到岳老家里时，老人的家并没有想象的豪华，他的家是典型的 20 世纪 90 年代初普通人家的陈设，简简单单，朴朴素素。倒是岳老满书架的书，吸引了我，文学的、历史的、摄影的，等等；阳台上几株绿植为家里增添了不少的生气；墙上，冰箱上摆着岳老自己闲暇时的摄影作品。见到我们时，岳老非常热情，亲切地招呼我们喝茶，一派老北京的待客之道。

岳老特意拿出一张他读书时什锦花园校址的平面图为我们介绍学校的历史。岳老回忆说，当时的学校位于什锦花园胡同里，分设机械科、土木科和化学科，4 年学制，任课老师都是聘请的北大、清华的名师。学校每周有 8 小时的实习时间。当时，岳老的专业是机械科里的木工。他沉浸在幸福的回忆中，恍如回到了七十多年前，他十五岁的时候，坐在教室里，聆听老师教诲，课下发奋学习，动手实践，志在报效国家的少年时代。岳老非常清晰地为我们讲解了木工从观察实物，到画实物的三视图，再到用木件做出模型送入下一个流程的详细步骤以及化学科实习工厂中肥皂的制作流程。可见，当时的学习经历和成果，已经深深地刻入了他的记忆中。他说，咱们学校历来重视培养学生的动手能力，秉承理论联系实际，手脑并用的理念。学校不仅教给了他理论知识，而且让他养成了吃苦耐劳的精神，增强了动手能力。学校的培养，为他以后的工作带来了很大的帮助。

当然，更加重要的是，他在北平市立高等工业职业学校寻找到了救国存亡的道路，寻找到了一生的政治信仰。他成了光荣的地下党员，决定了他为党和人民奋斗终生的人生之路。

岳老，出身于书香门第，父亲是北京大学农学系讲师。大伯李兆濂曾是铁路建设工程师，主持修建过台枣铁路。他的童年，无忧无虑，享受着长辈的关爱，在兄弟姊妹的嬉戏打闹中长大。但是，因为父亲突然去世，家境日益艰难，大姐、二姐被迫辍学了，16岁的岳祥就只能报考招收贫寒学子的北平市立高等工业职业学校，盼望着早日学成就业。在学校，岳祥参加了左翼学生组织的读书会，开始接触进步思想。1946年暑假，他与同学王大明在北平地下党的组织下，辗转七八个县，穿着老乡做的鞋子来到解放区张家口参观学习。在张家口，他学习了社会发展史、新民主主义论，充分地理解了资本主义必将灭亡的规律。张家口解放区的一切都如此新鲜，如此让人振奋，他用自己的眼睛观察，用自己的心体会，用自己的头脑思考。他坚定救国家于危亡，兴中华之伟业，必须选择共产主义的信念。1946年，在张家口岳祥光荣地加入了中国共产党。而后，在组织的安排下他继续回到北平上学，以学生的身份作掩护，做地下党工作，发展进步学生、宣传进步思想。

回到学校之后，岳祥与王大明（我校地下党第一任书记）等党员成立了我校第一个党支部。他们与进步学生交心，交朋友，带领他们针砭时弊，出壁报。他们还曾经组织助学运动，为贫困学生募捐；破坏国民党的"解放区同学会"；同华北学联共同组织北大、清华春游，让同学们利用这次春游，畅谈理想，讨论国事。

党支部还在发动团结广大进步学生的过程中，启发了一批青年，发展了新党员，扩大了进步群众组织，壮大了进步的力量。1948年，为防止岳祥身份暴露，地下党通知他转移到泊镇，化名岳祥（原名李森）开展工作，负责接待从敌占区过来的学生，并做这些学生的思想摸底和发动教育工作。

天津解放后，岳祥随部队进驻北平。1949年，北京市委组织部成立，岳祥被分到北京市委组织部干部科，担任统计科副科长，主要的工作就是整理各个地方上报的资料。当时，由于刚刚成立统计科，没有统计经验，所以对于地方上报的资料不能做到很好的区分与汇总，经常出现汇总结果与上报数据不符的情况。经过分析发现，原来是上报的原始数据就有问题，因此，增加了核查原始上报数据的步骤。在纯手工作业的时代，全凭人力费时费力，工作量相当大。他和同事们就想出了用"卡片"解决这个问题的简单便捷的方法。之后，岳祥被调到中央组织部工作一年。

1958年，岳祥被派到彭真同志身边工作。当时的市委组织部部长余涤清同志找他谈话，他说："刘仁同志讲彭真同志那里缺一个秘书，组织上考虑让你去。"1958

年 8 月 27 日，岳祥去彭真同志家里报到，在门口给警卫报上姓名。一进大门，岳祥看见彭真同志正在院子里散步。岳祥马上汇报："我是岳祥，来您这边工作。"彭真微笑着说："哦，原来就是你啊！"接着严肃地说："到我这里来工作，可不能老要调动啊！"说完就离开了。接下来，秘书马句同志就布置了一些事务性的工作给岳祥来做。

在刚担任彭真同志秘书的那段时间里，岳祥的精神高度紧张，特别是报到的那一天。吃完晚饭，服务员拿过来一本很厚的《参考资料》，跟岳祥说："首长让你先看看，他外出有事，9 点回来，到时让你跟他说说这里面比较重要的内容。"岳祥一听就慌了神，因为他以前只做过档案整理、党员干部统计等工作，极少接触这些国际国内的大事，怎么阅读《参考资料》，哪些是重要的消息，摸不着头脑。当然，领导交办下来的任务，就是硬着头皮也得完成。于是岳祥赶紧看这些资料，来回翻了几遍后，心里还是没底。这可怎么办？岳祥稍使自己镇定一下，开始一篇一篇地翻看每一条消息，看到自己觉得比较重要的内容，就折上一个小角。就这样，前前后后看了差不多两个小时，这本资料总算都看完了，但有些内容，他也说不清重要还是不重要。彭真同志回来后，就让人找他过去汇报。当时，岳祥心里非常紧张，赶紧跑到彭真同志书房，说："我看了，觉得有些内容比较重要，给您汇报一下吧！"然后，将自己认为比较重要的内容逐条简要地作了介绍。差不多过了半个小时，他汇报完了，彭真同志说："好，你先下去吧！"岳祥回到秘书办公室，一颗紧绷的心才稍稍平静下来。第二天，张洁清同志对岳祥说："首长说，你昨天汇报得还可以。"现在回想起来，岳老心里依然有些许激动。彭真同志为什么要岳老汇报阅读《参考资料》后整理资料的结果呢？估计是彭真同志想大致考察一下他的阅读能力和表达能力、工作能力。岳老是高工毕业生，思路清晰，语言表达准确，普通话标准，总体上是幸运地过关了，成为彭真同志身边的一名工作人员。岳老说：现在想想，这些素质和能力确实是作为秘书所必须具备的，而且是很重要的。

在"文革"结束后，岳祥第二次为彭真做秘书。这次工作相比较之前更为繁重。为了清除"文革"流毒，党和政府迫切需要在三个月的时间里拿出相应的法律制度拨乱反正。彭真同志就挑起了这个重任。作为彭真的秘书，岳祥压力很大，因为他不具备足够的法律专业知识，所以他找准定位，夜以继日地完成宣传、接待和后勤工作，最终七部法律顺利出台。之后，岳祥还相继参与宪法修订工作，为自己的一生又添上了浓墨重彩的一笔。最后，他在全国人大法制工作委员会秘书长岗位上退休，退休之后一直任全国人大法制工作委员会咨询委员，兢兢业业地完成了党和国家交给他的任务。

回顾一生，岳祥，原来的李森，因为革命，因为信仰，因为工作，用岳祥的名字工作生活至今，他感叹是伟大的祖国给了他实现自己人生价值的机会，感谢组织在重要时刻对他的信任，感谢同学老师对他的教育和帮助。他说，如果不是国家的发展，不会有今天建筑事业的突飞猛进，不会有今天如此多的就业良机。他希望我们北建大的学子，能继承老一辈吃苦耐劳的精神，摒弃浮躁的心理，踏踏实实学好专业知识，努力练好手中的技能，只有这样才能在现今大好的社会中崭露头角。他说，对于我们建筑相关专业，更需要的是一股钻研的精神，是一种追求卓越的精神。争取把手中每一个模型做到尽善尽美，把笔下的每一幅建设蓝图画得至真至简，把头顶的每一座高楼建得稳固不倒，这才是我们需要的工匠精神。岳祥希望北建大秉承实事求是、精益求精的校训，越办越好，希望北建大的学子成为祖国的骄傲。

（供稿：宁楠　　编辑：沈茜）

鲐背苍耆，笑谈人生
——记校友吴永平老师

　　吴永平，生于1924年，北京市人。1948年毕业于天津大学土木系，后在通县潞河中学任教，于20世纪50年代末期到北京永茂建筑公司从事设计与施工工作，参与并主持多项重大工程，期间在北京建筑设计院业余建筑大学任教。1979年正式调入北京建筑工程学院任教，至退休。

学海泊岸，职路扬鞭

　　初生牛犊不怕虎。初入职场的时光，是人的一生中满怀壮志，毫无畏惧的时刻。随着时间的沉淀，已经94岁高龄，身处鲐背之年，吴老回首当初依旧心潮澎湃。

　　大学毕业后，年轻的吴永平到北京通县著名的潞河中学任教。工作两年后，他就职于北京永茂建筑公司，参与了建国初期诸多工程的设计与施工工作，其中最为著名的有北京"四部一会"项目。"四部一会"大楼已被列入《北京优秀近现代建筑保护名录（第一批）》。"四部一会"大楼是由国家计划委员会和地质部、重工业部、第一机械工业部和第二机械工程部联合修建的办公大楼，它是当时北京市建造的一个大规模的办公建筑群。这个建筑群的设计工作是在 1952 年冬季开始的，因为设计条件中途变更以及设计期间的反复研究论证，直到 1954 年 4 月初第一期工程方才正式动工。

"四部一会"大楼是由七层石砖结构组成的，极具民族特色的建筑群。吴老师回忆，在大楼施工的期间，组织者并没有把设计人员人为地分为方案组和施工图组，几乎每一个项目设计人员都有机会参与从方案到施工图设计的全过程，这对全面地认识和理解建筑提供了很好的锻炼机会。从施工开始到最后完工，吴永平被派驻现场做前期配合和施工协调工作，使他有机会更多地与建设单位、政府各主管职能部门、施工单位、监理单位、材料和设备供应商等进行广泛的接触和协调，获得了宝贵的实际经验，自己也迅速成长起来，对建筑的理解也更为客观全面了。

吴老师说，他自己在结构设计上的学习工作成果与北京乃至全国建筑事业的发展是分不开的，各种实际工程项目为他提供了锻炼的机会，专业技术也在实践中不断地提升，自毕业以来，他先后参与了"四部一会"、北京房山化工厂以及许多住宅区的结构设计工作。

吴老师说，目前国家发展很快，城市化进程也相当迅速，单从这一点上讲，我们身处的是一个大有作为的极好的时代。但是作为一个搞建筑的人来说：一个城市的建设绝不是靠一个人的单独力量就能够完成的，也绝不是仅靠学术研究就能完成的。真正为城市的发展服务，建设者应当处在恰如其分的位置，恰如其分地工作。而这些都需要工程师与一个城市长期接触，熟悉了解它，明了整个城市的运作方式。当然，当逐渐了解这个城市之后，你会发觉到它更多更美好的方面。随着工作的深入，就会真正地愿意扎根于你的城市。

吴老师说，建筑结构几十年的发展历程，基本是从最初追求建筑速度的"大板"设计，到注重进度灵活的"大模"结构，到讲求坚实抗震的钢筋混凝土结构，每一个时期的建筑都反映了一个时代的建筑要求和技术水平，也映射了整个社会的前进步伐。

基于对学科的热爱，对事业的忠诚，吴老师在结构设计工作战线上工作了二十多年。这二十多年的奋斗经历，记录了建筑结构设计师最真实的奉献与成长，而吴老师的工作经历印证了专注和坚持才是成就事业的真正路径。

春风化雨，诲人不倦

"教师是太阳底下再优越没有的职务了"。三尺讲台，一本讲义，言传身教。当亲眼见证桃李满天下时，是何等的自豪。

因为吴老师曾在潞河中学教书，在永茂公司工作期间还兼任北京市建筑设计院业余建筑大学高等数学的教学工作。所以，1979年，组织调他到北京建筑工程学院建工系工作，做专职教师。

吴老师说："讲课是一种享受，我喜欢讲课。最关键的是老师要对自己讲的内容充满激情。我们教书多年，很多教师都有这样的感受，就是一旦上了讲台，就像一个演员进入了角色……用激情去感染听众，让他感觉被吸引，跟着你一起来学习、考虑问题。"授课要经过精心准备，不能照本宣科。教师对教学内容要烂熟于胸，信手拈来，这样才能有出色的课堂发挥和对问题与讨论的把握能力。教学是面向学生的，最终目的是让学生掌握知识及具有运用知识的能力。所以教学过程、内容安排也要符合学习的认知规律。当你讲一些很枯燥的专业理论的时候，适当加进去一些应用实例，可以帮助学生更好地理解，提高教学质量。

吴老师以坐火车时行人背包的生活细节为例子，给学生形象地讲授建筑结构中"不受弯，改受拉，改受压"的知识点，而且，他还常常选择人民大会堂台前柱的结构特性，给学生们进一步进行实例验证。

吴老师说，讲课一定要重点突出，用生动的比喻，深入浅出的讲解，给学生留下深刻的印象。绝对不能永远搬课本，过去怎么理解现在还是怎么理解。教材只是帮助学生回忆、归纳知识点的，时间长了记不清了可以看看。但是，在教学过程中教师可以创造的新知识其实是无限的。教师能够把科学的前沿成果，经过研究以后，反映到课程里，成为课程的主线之一，不是一件很容易的事情。

回首在建工学院教学的生涯，吴老师十分自豪。尤其在谈到自己的学生时，他更是抑制不住地露出骄傲的神情。

鲐背之年，笑看浮华

年至鲐背，一路走来，或喜或悲，起伏已过。当年的意气风发，过去的身负重任，曾经的平淡离休，一切都已回归平淡。

在采访吴老师之前，听说吴老师已是九十二岁高龄时，我心生感叹。当真正见到吴老师，发现吴老师精神矍铄，思维敏捷，十分康健，这也远远出乎我的意料。

如何管理自己的身体和健康，吴老师说："少年强，则国强；少年弱，则国弱；少年胜于欧洲，则国胜于欧洲；少年雄于地球，则国雄于地球。"年轻人应该在年少之时胸怀大志，养成生活和锻炼身体的好习惯，才能够做更多的有益的事情，才可能为社会多作贡献。他自己的身体好，主要得益于中学时期养成的规律的作息习惯和运动习惯，网球曾经是他的最爱。

　　大学生正处于身心迅速成长的关键时期，往往是孤身一人远离父母独自在外求学，肩上担负着父母亲人的期望，是求学，求是，求真，追寻梦想的关键时期，也是养成一生的生活好习惯的关键时期。

笑谈人生，寄语建大

　　作为将要走过一个世纪的长者，对于母校的快速发展，吴老师感慨万千。1979 年，他到建工学院教学的第一年，学校仅由三栋主楼构成，学科专业单一，整个学校规模很小。在随后的四十年里，学校在国家大发展的背景下，在全校师生共同奋斗下，获得了长足发展。作为见证者和亲历者，吴老师说作为教师，很欣慰，很知足。作为校友，衷心希望学校越来越好！

　　吴老师对现在的北建大学子说：这是一个天空蔚蓝，草木青翠的世界。这是一个洋溢着智慧、善良、分享和爱的世界。这是一个读书声和欢笑声一样动人的世界。每一刻，关怀都像温柔和暖的阳光，照耀着每一个学子。每一刻，知识都像润物无声的细雨，滋润着每一个学子。正是因为这样，每一个学子更应该踏实努力，打好坚实的理论基础，不断寻求社会实践的机会。

　　　　　　　　　　　　　　　　　　（供稿：宁楠　　编辑：沈茜）

从陕北知青到模架专家
——记 1983 级校友赵天庆

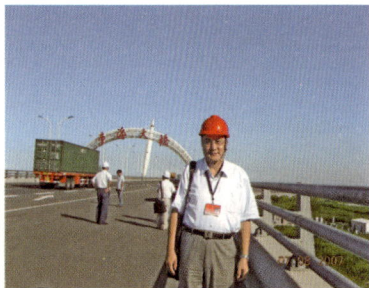

　　赵天庆，生于 1951 年，北京市人。1983 级就读北京建筑工程学院夜大工民建专业。原北京市第二市政工程公司总工程师、北京市政建设集团技术委员会道桥工程专业委员会主任委员，原北京公路学会理事。教授级高工，国家第一批市政公用工程一级建造师。曾任北京市建筑业联合会科技工作委员会道路桥梁专家、北京城建科技促进会模架工程专家技术委员会委员、北京市评标专家。曾任全国 QC 小组高级诊断师、全国优秀质量管理小组评委、国家优质工程现场复查专家。退休之前，一共为国家修建了 77 座桥，北京的玉蜓桥和天宁寺桥多次获得鲁班奖，东海大桥项目曾获得国家优质工程金奖。

革命年代，上山下乡

初次见到赵天庆老校友，就能感觉到他是一个非常和蔼可亲的人，虽然他已过花甲之年，但谈吐之间精神矍铄，仍能看到他年轻时的抖擞风貌，采访期间他说话铿锵有力，风趣幽默地和我们回忆着年轻时的峥嵘岁月，让我们回味无穷。

1966 年，赵天庆刚上初二，时称"初中老三届"，"文化大革命"刚刚开始。1968 年 12 月 22 日《人民日报》发表了题为《我们也有两只手，不在城里吃闲饭》的文章，其中引用了毛泽东"知识青年到农村去，接受贫下中农的再教育，很有必要……"的指示，全国开始有组织地将中学毕业生分配到农村去。响应国家号召，1969 年 1 月份，赵天庆作为第二批知识青年被派到陕西延安的富县插队。他和同学们告别父母家人，满怀豪情壮志开始建设祖国。但是，实际情况完全出乎想象。那边的条件比预想的要艰苦得多。富县的冬天寒风刺骨，早上起来，蓄水缸里面储存的井水都冻成了厚厚的冰，需要先拿着锤子把冰面凿破，然后才能用冰下面的水刷牙洗脸，牙膏也是完全被全冻住的。

当时还只有 17 岁半的他，便开始了一段艰苦奋斗的历程。当地的村民都住在垴上，也就是一个个的山头、土坡之上，大家主要是靠天吃饭。村里没有电和自来水，只有一口 135m 深的水井，全村都靠着这口井过日子。每次去打水，都要村民一起排队 3 个小时，打一次水需要两个人一起转辘轳，两个人拉，虽然取水的过程十分辛苦，但当地的井水很甜，能喝到几口甜甜的井水大家就很知足了。

当时，生产队分发给一个知识青年一年的口粮定量是带皮的粮食 187 斤。他两个月就能吃完，之后，只能和生产队借，到时候再用自己的工钱来还。

他在生产队里出工一天挣十分钱（女生更少），一个月大概可以拿到三毛五分钱，除去所有的开销，每年仅有一两块钱的结余。

村里磨面全靠驴拉磨，可是生产队的驴太少了，最后他们都是人工转个几百圈自力更生。

当时村里一共有十几个大队，生活条件非常差，没有面，只有蚕豆，但是为了营养，每个大队会定期杀一头猪来改善人民大众的生活。生活可以说仅仅是为了活着，只要今天能吃饱顾不了明天。延安的条件在全国最艰苦，当地的粮食非常短缺，以至于当地的百姓起始对知识青年是有些排斥的，经过和他们一起同甘共苦，在一起生活才变得和睦起来。

自强不息

赵天庆家中的墙上一直挂着一条非常醒目的横幅"自强不息，天道酬勤！"也这是这句话一直激励着他不断努力和前进。

起初，他所在的村里的知识青年一共是 14 个人，最后剩下 6 个人，四男两女。赵天庆是知识青年的男组长，虽然他们生活在生产大队里，但是他们一直坚持学习，坚持"早请示晚汇报"。在条件艰苦的情况下，他们把墨水瓶当作油灯，晚上继续点灯刻苦学习。赵天庆认为人在年轻的时候，时间是非常宝贵的，不能白白浪费。当时集体学习的内容主要包括毛泽东著作、哲学、老三篇、愚公移山、文史等。图书奇缺，他就反复研读，他把毛主席的 37 首诗词背得滚瓜烂熟。无论怎样忙碌，他们每个月都会集中一两天的时间交流学习心得。因为思想进步，生产积极，他们组被评定为全县知识青年典型小组。最有意思的是，赵天庆分享了一个非常有趣的哲学道理："鸡蛋孵小鸡，一定要有温度保证。外因是变化的条件，内因是变化的根据，外因通过内因在起作用。"从这些分享的细节来看，赵天庆是一位勤奋、乐观、好学的人。

1971 年底，646 厂来县里招工一人。赵天庆最终成了幸运儿。报道之后。他变为了工人阶级，生活面貌发生了全新的改变。单位发工作服（"道道服"）、高皮鞋、大帽子、皮大衣，吃的是红烧肉、大馒头，还立即给发了两个月的工资，瞬间生活发生了大大的改善。一年后，他被派到西安西家湾吴起镇工作，主要的工作内容是寻找石油，俗称"乌金"。

当年的吴起镇可以说是一个寸草不生之地，也是靠天吃饭，常年不下雨，所以庄稼很难有收成。资源异常短缺，蔬菜几乎没有，老百姓平时都是自己种玉米高粱以及挖甘草吃，土地缺肥只好靠大家捐献动物，煮汤作为土地的肥料。如果想吃蔬菜和肉食必须要走两三天的路程去西安采买。冬天奇冷无比，工作生活是相当艰苦的。这里的山沟和外面几乎是隔绝的，每天仅仅是活着和工作。

赵天庆单位隶属陕甘宁兰州军区 31 团 8 连 228 地震队，主要负责找油田。当时找油的方法还是比较先进的，先在可疑的地方打洞眼，大概 10~15m 深，然后放入 TNT 炸药，人工引爆炸药，震动使得洞内产生裂缝，地震波传输到岩石不同界面会反射回来，识波记（检波计）根据电磁感应原理产生的微小电流，不断收集电流并进行放大处理，经过记录、整理以及理论分析，就可以判断哪里是鼓包、哪里是断层，然后探测鼓包最高的地方，如果有油那就是发现大的油田了！

他在找油田的过程中感觉到自己的知识不够用，许多专业术语、原理以及设备以前都是没有接触过。他就和在富县时一样，学习！那时的学习氛围非常好，晚上大家都是点着油灯学习，学习什么是断层、检波器、地震仪、向斜、背斜等等。当时，有一个司机因为上学少，每天通过新华字典认报纸上不认识的字，每天学习5~10个字，长期累积下来，他比队里号称"秀才"的队友认的字都多，别人都佩服他。

虽然这一代人生活过得比较艰苦，但是也正是这样艰苦的环境锻炼了这一年代的知识分子，培育了这一代人的社会精英。

赵天庆的8连人现在都是出类拔萃的，当年的队友如今都发展得非常优秀。其中有一个246队的队员成了中石油的董事长，他在职期间兢兢业业、勤勤恳恳。经过插队的艰苦锻炼与奋斗后，他们都珍惜来之不易的职位和生活，坚守底线，洁身自好。

柳暗花明又一村

陕北工作五年后，1976年赵天庆被调往江苏油田。江苏，鱼米之乡，无论是气候还是生活都有了质的转变，他每个月都有基本工资和野外补助一共67元，日子比较宽裕。1977年恢复高考，他经过努力，1978年，他考英语学院，在全单位17个报考人中，他考上了！而且还是地区的文科状元，比最低分数线高了近70分。但是，由于他正在办理调动，上不了大学。结果，是大学没上成，调动也没成功。

幸运的是，1981年，北京市政二公司的铁道兵愿意和他对调，他如愿调回北京，在市政公司工作。起初的工作是修马路和下水道，工作比较辛苦，由最初的8个人最后只剩下他1个人。单位为了留住人才，要求他我写5年内不调走的保证书。没有想到，领导竟然发现他书法和文笔方面有才华，开始重用他了。由于，他之前在地震局工作过，善于画地震剖面图和立体几何图纸等，就被分到基建科管理设计，主要负责楼房的硫酸纸图、描图等工作。他一如既往地勤奋认真，虚心向一个中专生同事请教他图纸上的黑圈、圆点都代表什么等等。平时基本上都待在单位里面夜以继日，专心工作。通过坚持不懈努力，他最终得到了同事们的广泛认可。

夜大修业，砥砺前行

1983年，他已经超过了当时国家规定的读大学年龄：23~28岁，他报考了北京建筑工程学院夜大，攻读工民建专业。虽然，他只有初中学历，入学成绩是全班倒数第一，但这并没有为赵天庆设定障碍。那个年代来读夜大的同学年龄和学历都参差不齐，每一个人都知道得来不易，非常珍惜这次读夜大的机会。白天上班，晚上上课，上的课主要有画法几何、物理、化学、材料几何等等，大家上课都认真做笔记，记下老师讲的每一个关键点，认认真真、工工整整完成老师布置的作业。经过五年的勤奋学习，毕业时，他被评为学校 5 名优秀毕业生之一。

在工作中，赵天庆也得出了一些非常重要的心得。第一，只有理论与实际相结合，才能在实践中取得较好的结果。如在工程中配筋时，选择钢筋强度、箍筋间距等不能完全按照书本上的定义来套，要实事求是地选择，这样才能避免重复返工，节省成本，加快工期。第二，活学活用老师教的知识。他在修建北京玉蜓桥时，在工程施工关键时刻，桥梁的支架遇到了难题，不知道是该用现浇起架子还是用混凝土块建设好，经过研究试验后，他把在建工学院学到的知识和以前工作的经验结合起来，利用放大脚架依靠斜坡的办法突破了难关。工程取得成功！轰动一时。第三，工作一定要认真细心，实事求是。公式计算一定不能出错，遇到不懂得的地方可以查标准规范、请教他人，务必保证工作质量。

真金不怕火炼

由于他是工人身份，晋升之路非常坎坷。但是金子最终经过岁月的打磨，终究会发出它自身的光芒的。在单位中，上了夜大仍然不能评职称，不能当项目组组长。这些挫折最终也没阻碍赵天庆在事业上取得该有的成就。

他完成了北京玉蜓桥二环路与京沪铁路呈 37.5°交角的铁路箱涵顶进方案，设计大直径钢管配 90# 工字钢组成钢平台解决北京天宁寺立交二环路主桥过河部位的模板支撑。用顶拉法解决现浇北京永定门立交 U 形槽高档墙混凝土模板的支护。进行了北京洋桥立交桩端压浆工艺的试验与施工。在北京双井立交进行矩形桩的试验与推广，完成大直径人工挖孔桩带水施工。

他主持的北京二环路西巷工程项目荣获了市政局科技进步一等奖。在修建北京市东三环国贸桥时，由于施工难度巨大，技术和经验方面都是空白，没有人敢于承担责任，拍板说"可以这么干！"等待的结果，导致工期严重迟滞。在这种情况下，赵天庆冒着失败的风险，在"大家试试看，颇是怀疑"的情况下，实施了自己的"冒险"方案。居然成功了！还节省了大量成本！被当时的市政工程局长张连生（我校 1955级校友）大加夸赞，称赵天庆为"年轻的模架专家"！

厚积薄发

1994 年，北京市政二公司成立五分公司，仍是工人身份，仍然没有职称的赵天庆开始担任分公司主任工程师、技术负责人。在领导支持下，同意他破格报考工程师，唯一需要考核的是英语。因为他一直持续学习英语，所以考试顺利通过。最终被破格评为工程师。2002 年任公司总工程师，提出悬拼法施工钢箱梁解决临时支撑占路影响交通的方法，在北京丽泽立交桥和北京通惠河北路立交取得成功。兼任首都机场 3# 航站楼前的管头桥立交的项目总工，在先期工程已经完工，后进场工期紧的情况下，保证了首都机场第二通道的顺利通车。负责修建北京木樨地桥、玉蜓桥、天宁寺桥等，获得了鲁班奖；云纹桥、国贸桥、公主坟立交桥、杨桥、安贞桥、万泉河桥、橡胶管道桥、童英桥、国宾桥以及首都机场一号二号航站楼等等，他退休前一共负责并参与修建了北京市 77 座桥。同时，他取得了多项施工技术突破的成果，例如在挂篮施工中，为解决钢纤维冲击问题，试验出膜裂纤维的抗拉效果最好。并且，他实事求是地解决施工中遇到的如水平剪刀撑、纵向剪刀撑、脚手管的标准、规范不匹配协调的问题。并告诫我们，规范都是人为制定的，会不完善。我们在学习的时候知识要扎实，要广博，实际应用中要多参考一些规范，参考一些其他的标准，只有这样才能把工作做得更加全面。

赵天庆校友还给我们分享了一个他的学生施工失误的故事。他已经叮嘱按照规范施工，不要灌装。但是还是出问题了。原来，问题并不在于灌装，而是那个学生做的坍落度太高了，允许范围是 180~220，而此时的坍落度是 260，导致机子里面的石子全部沉到底部了，所以上面见不着石子。他分析因为是冬季施工，水泥的坍落度相比夏天不损失，导致坍落度偏高。小小的故事说明要考虑到环境等实际因素的影响后再灵活应用书本上的知识。要做到实事求是，具体问题具体分析。

他就是这样实事求是、精益求精地学习工作，破格被评为施工领域的教授级高工，在当年寥寥无几。

知以藏往，以往鉴来

赵天庆校友告诉我们：

第一，自强不息。无论在多么艰苦的环境下，都不要放弃自己的理想和追求，要有一颗进取之心。平时要懂得珍惜时间，增强自身的专业基础知识。好的机会都是靠你自己争取来的。

第二，天道酬勤。人干一件事一定要专要钻，当你投入一件事的时候，你一定要尽全力把它做好。天生我材必有用，什么是"材"？"材"就是把别人喝酒聊天玩乐的时间用来看书，并天天坚持如此。遇到困难一定不要退缩，需要的是一种迎难而上的勇气。上夜大的时候，刚开始也有很多的地方不懂，听物理化学课的时候就像听天书一样，开始作业只好抄别人的，但是在抄的时候动脑子，仔细琢磨，不断加深印象，不懂的地方就回头来钻研课本，他说当年的教科书真的是宝贝，到现在他一直保存着所有教科书。

不要怕难！不要怕吃苦！每一件事只要吃透了，就能熟能生巧。工作踏踏实实地干一定能够干出一番成绩出来。赵天庆也仅是一名夜大的毕业生，37 岁才从北建工毕业，但是依然在专业领域取得了骄人的成绩。

第三，做工地上的有心人。每个人都是有潜力的！年轻人不要墨守成规，在踏实的同时也要积极创新。在工作中可以不断寻求简便高效的方法，不断创新。例如，混凝土裂缝问题还没有解决，这就需要我们新一代年轻人动脑筋去创新，寻找新的方法来解决这个问题。

第四，做土建施工，不能掉以轻心，要恪尽职守，对自己、社会和良心负责。平时养成记笔记的良好习惯，记录别人的经验，记录、拍下出现的问题等，只要你能坚持比别人干得好一点，日积月累，你肯定会有质的提升。

感恩母校

赵天庆非常感谢母校，感谢能有在北建工读夜大的机会，感谢母校教给他的知识。当年报到，他看到九号楼（先教一楼）前悬挂的横幅"欢迎未来的工程师"时，刷的一下，眼泪就下来了。32 岁的他有了系统学习知识的机会。他感谢母校为自己种下"未来的工程师"的种子，才有了今天的成就。

他说，母校为北京市培养了众多在城市规划、燃气、水、桥梁、交通、煤气、地下工程和国家重点工程领域方面的实用型人才，为北京市的城市建设作出了突出的贡献。为母校骄傲！

（撰稿：王亭　　编辑：沈茜）

浓情系母校，寄语后来人
——访 1986 级校友刘立东

刘立东，男，北京人，工业与民用建筑专业 1986 级校友。现任北京市勘察设计研究院市场经营部副部长，国家一级注册建造师。

回忆母校：师恩难忘、同窗情深

刘立东学长在接受访谈时言语温和、目光笃定，面对我们这些年轻的面孔，他不禁想起自己的大学时光。

谈起母校，学长流露出对师生之情、同窗之谊的感恩与怀念。当年，他的家就住在北京建筑工程学院附近，大伯又是北建工的学生，缘分使然，他也选择了到北京建筑工程学院就读。与当年的学校对比，学长感慨这些年母校的发展日新月异，回想当初刚入学时，学校的各方面条件还比较艰苦；而现在，学校规模壮大，学科门类齐全，学弟学妹们的生活也更丰富多彩。

"那时的土木系每个班只有三十几个人，教学、住宿条件比较艰苦，但学生和老师都特别勤奋，大家的感情很深。"学长意味深长地回忆到。

说起恩师，学长说，当年的老师德高望重，教书育人专心致志，教学问，教做人，将每一位学生当"人才"来培养。念及恩师，学长的眼中充满了怀念的波痕，感恩之情溢于言表。

端正态度：学习负责、生活认真

学习，是当代大学生所有任务中的重中之重。学长认为，学习知识对每个人的人生来讲必不可少。同时，学好知识是学生对自己最基本的要求。在校大学生不仅要学好书本知识，还要掌握学习的方法，培养优秀的习惯，做到对自己负责。作为北京市勘察设计研究院市场经营部副部长，学长说，用人单位最青睐两种人：一种是专业知识过硬、学习成绩优秀的人；另一种是工作能力强、沟通能力较好，具有创新思维，可以做牵头工作的人。学长还表示，学校当时十分重视培养学生制图和测量两大"看家本事"的能力，毕业后，他扎实的专业基础为优质完成工作任务奠定了基础。对自己的学习负责，是学长教给我们的宝贵的人生经验。

除了刻苦学习外，学长的生活也是丰富且规律的。校园时光的午后，学长通常和同学一起打球、散步；晚上，就看书、复习。学长说"一定要在大学里锻炼强健的身体，特别是我们建筑行业，经常连续加班到深夜，没有一个好身体做后盾就会心有余而力不足"。

年近五十的刘立东学长表示，身体是革命的本钱，只有身体好了，学习和工作才会有保障。他 2002 年开始跑步，不久和伙伴们一起成立了"40+ 长跑队"，2013 年为了响应北京市勘察设计研究院"健康工作、健康生活"的理念，让更多的职工参加运动，"40+ 长跑队"被院工会整编为北勘长跑健走俱乐部，自己担任会长。本着"增进友谊、获得健康、舒缓压力"的宗旨，在"互相欣赏、互相激励、互相尊重、互相信任"的良好氛围中，多次在莲石湖公园和玉渊潭公园开展跑步健走活动，并组织会员参加北京长跑节、北京国际马拉松、秦皇岛马拉松和斋堂健走等赛事。

运动不仅给大家带来身体的强健，也会带给人心理的健康，能享受到不断超越自己的快乐。喜欢运动的人普遍充满正能量，深刻明白一份付出，一分收获，对自知和知人能力也有提高。现在大学生正值青春年少，精力旺盛，可多参加一些无氧的团体活动，等年岁稍大，可多参加一些有氧运动，总之尽早养成适合自己的运动习惯，一定会受益终生。

认真地生活，是学长身上的另一个优点。

发展奋斗：踏实做事，顺应发展

毕业后，从 1988 年分配到北京勘察设计研究院工作到现在，刘立东学长一直以过硬的专业知识和不怕吃苦的精神，向单位一次次证明了出自北京建筑大学的学生才具备的独特传承。刘立东学长一直脚踏实地、勤劳上进，很多人不愿意去做的项目，他也会一丝不苟地去完成。学长说："大家都是从默默无闻开始，能否脱颖而出，比得就是谁更勤于思考，更勤于实践，谁不故步自封，勇于创新尝试。"

讲到工作，刘立东学长可谓是经验丰富，业务纯熟。在 2001 年中国申奥成功后，奥运工程开始建设，他就是其中一员。"奥运的成功申办是多少辈中国人的期盼，国家可以举办一次奥运会是一种无上的荣誉！"在这种爱国情怀下，刘立东学长积极投身到奥运场馆勘测工程的建设当中，2008 年获得了"奥运工程先进工作者"称号。此外，刘立东学长还参与了北京四环、五环、六环路及京承路、京平高速、京津二通道等公路工程的勘测工作。学长说"当时的南五环并没有现在这么多人居住，周围都是荒地，为了后期修建公路，当时都是徒步测量、选点、勘探。当时的测量仪器也没有现在这么智能先进，全部需要靠人工去调试"。就是在这种艰苦的环境下，学长和他们的团队通过辛勤的努力，为一条条四通八达的公路在北京展开，为北京交通畅通提供了有力保障。

刘立东学长满含深情地讲，在北京市勘察设计研究院的 29 年里，从工程项目设计到工程项目的合作洽谈，从最初刚入职场的青年到现在小有成就的部门部长，工作让他明白，人要学会顺应时代发展。

学长语重心长地对我们说，现今社会人文经济环境巨变，科学技术快速进步，人际交往模式改变，如何适应社会发展，需要同学们冷静独立思考，守住底线，适应规则，踏实学习，踏实做事，不断完善，不断超越，一定有属于自己的一片天地。

做人智慧：献力母校，寄语后来人

学长表示，"古都北京保护者，宜居北京的营造者，未来北京的设计者，现代北京的管理者，创新北京的实践者"，是每位北建大人的奋斗目标，在此和广大年轻校友与学子共勉：

珍惜——在北京就读的同学们拥有更多的选择，拥有更多的机会，如何通过智慧和努力把握好机会、不辜负自己的选择是摆在我们面前的一个共同话题。

自强——淡看荣辱，自强不息，不断超越自己，做自己心中的英雄。

合作——保持同理心、学会换位思考、注重团队意识。特别在互联网＋的新时代，分享、商量、尊重的理念会成为社会的主流价值观。

创新——传承是凝心聚力，发展是承上启下，创新是获得未来。希望同学们在紧张的学习之余，多干一些好玩的事情，未来北建大的伟大需要自我涵养、自我生发、自我超越，也可能就孕育在这些有趣的小事情里。

追求成功的道路从来不是一马平川，但只要有这样的奋斗目标，并有为此努力和承担的切实行动，我们就能在享受奋斗过程的同时，使每个今天都比昨天离成功更近一步！

在访谈的最后，刘立东学长激动地说：当年，北建大是他们成长的绿荫；毕业后，北建大是他们永远的骄傲。昨日，北建大寄予他们希望；今天，他们为北建大代言。他真心希望大处着眼，小处着手，能为学校的发展再次贡献绵薄力量，和所有北建大人一起，守护北建大蓬勃的今朝，使北建大的学生越来越成为受社会尊重的人！

（撰稿：宁楠　　编辑：赵亮　沈茜）

孤岛守望者：青春在加勒比海上闪光
——记1995级校友付强

付强，北京建筑工程学院工业与民用建筑专业1995级校友，1999年毕业。现任中成进出口股份有限公司总经理助理，2004年毕业于美国威斯康星大学商学院项目管理专业，是商务部对外援助成套项目评审专家、中华全国青年联合会委员、中央企业青年联合会常委，2011年被授予第一届中央企业青年五四奖章。

你的青春是在哪里度过？

有一个中国青年在遥远的加勒比海工作了十七个年头。

这个青年叫付强。

在大学毕业后放弃国内优越的工作条件，他毅然多次主动请缨，要求到公司业务最为边远、条件最为艰苦的国家和地区工作。2000年底，他踏上了飞往加勒比海的航班，这一待就是十多年。

付强的第一任工作是在一个只有6万人的小岛上建设医疗中心。岛上没有淡水，雨水净化了喝；没有房子，就住临时搭建的木板房里。中秋节国内月饼泛滥成灾，他们将一块月饼分成十八份吃。艰苦的条件和物质的极度匮乏，并未磨灭付强的意志。让他感到痛心的是外国人对中国的认知。当时，中国对当地人而言，仅仅就是几部电影里的乡村风光、中国功夫和中国美食。中国工程公司仅在承建中国政府对外援助的几个项目。当地人普遍认为对于国际承包项目，中国企业的技术是无法担当重任的。

那时付强就想，一定要通过自己努力让他们改变对中国的看法，为中国人和中国企业在当地做一些有影响力的事情，让他们重新认识中国、认识中国人。

一次偶然机会，付强得知当地基础教育项目正在招标，此项目由世界银行把关，对招投标方面要求非常严格，所要求的完工时间也非常紧迫。

四面漏风的房子，酷暑的天气，无处不在的蚊虫，一台破旧的电脑。就是面对这样的条件，付强把自己关在房间，白天研究资料；晚上准备投标文件、编写标书。困了，趴在桌上小睡；饿了，抓些饼干吃。经过2个月的日夜奋战，他完成了需要十多个人共同努力才能够完成的共计几千页纸的投标书。那段时间里，他每天平均睡眠时间不足 4 小时。终于等到开标这一刻：当时年仅 24 岁的付强，一个名不见经传的中国小伙子所率领的团队打败了英国、美国、加拿大等 8 家国际劲敌，一举夺标。那一纸薄薄的中标通知书，彻底改变了加勒比海地区各国对中国企业的看法。

2008 年 9 月，付强承接一个国际承包工程。两年的时间和心血，转眼项目即将竣工。然而，就在这时小岛在一周之内经历了两次百年不遇的飓风袭击。

飓风来临之前，数百架次飞机每天来到岛上接走本国的侨民，以此来躲避这场巨大的自然灾害。很多没有经历过飓风的员工们看到这种情景时焦虑地说，"世界末日即将来临了"，"付总什么时间走？"员工们担心付强一定会把工作安排给手下，自己到安全地带躲避飓风。

但是，付强并没有这样做。他沉着地指挥员工们采购生活物资，加固房屋，清理施工现场，集中堆放材料。在飓风来临前几个小时，付强将所有员工安全转移，安置到岛上的避难场所。

风变得更大了，此时，岛民几乎已全部撤离。随着夜幕临近，强风夹杂着暴雨时强时弱地咆哮；全岛停水停电。此时的付强正与员工们一起席地而息。可以清楚地听到飓风划过铁皮瓦和电线时发出刺耳的轰鸣声。"天上飞沙走砾，遮天蔽月"，这是付强当时的感受。为了安抚员工的不安与焦虑，付强拿出一瓶红酒用轻松的语气对大家说，如果每个人都能躲过这次飓风，就开启这瓶红酒以示庆祝。飓风过后，项目人员无一伤亡，还来不及开酒庆祝大家的劫后余生，付强即带领员工迅速投入到恢复各项工作中，他们所承建的项目成为全岛第一个复工工程，在灾难面前，中国人更获得了一张由"飓风大叔"颁发的"验收合格证"。

付强在海外工作近 10 年，加勒比海地区每一处，都留下了他的脚印。在他的带领下，中国企业在加勒比海地区开创了数个第一。付强说，我在加勒比海，我站的地方就是代表中国，我怎样，中国便是怎样，我是什么，中国就是什么，我坚守光明，中国便不会黑暗。

在殿堂和孤岛之间，你选择后者。脚踏异国的泥泞，俯身躬行，在荆棘和贫穷中拓荒，在狂风和巨浪中坚守，为的只是让世界记住中国的名字。你洒下的汗水是青春，埋下的种子叫赤诚，你绚烂了加勒比海的记忆，风霜染白了你年轻的发间。

（供稿：何立新　吴雨桐　　编辑：沈茜）

建筑学堂　百年志庆（1907-2017）

张汝亮　1958-1992 年在学校工作

（一）

百年学堂，营造栋梁。

精雕细筑，土沃群芳。

大厦坚固，"两高"双创。

初心永志，再建辉煌。

（二）

京华学堂百年悠，

代代园丁绘鸿猷。

育德培才皆俊秀，

建大更上一层楼。

培桃育李建大悠，

百年奋斗志不休。

开拓进取笃行创，

璀星璨玉遍神州。

在建校财会班学习生活的回忆

邵克文　城市建设财务会计专业 1963 级

1963 年，我高中毕业。9 月 1 日，我拿着北京市高等学校统一招生委员会的录取通知书，到北京建筑工程学校（以下简称建校）报到，成为财会专业的第一批学生。

我能够成为国家第一批财会专业学生，是有历史渊源的。自 1962 年国家先后在农村开展四清运动，城市开展五反运动开始，不少从旧中国过来的财会人员出现了问题，使得全国上下奇缺又红又专的财务人员。于是，政府决定立即着手培养新中国的财会人才。因此，北京建筑工程学校、中国民航、北京工商管理专科学校、北京邮电学院特设财务会计专业，从应届高考生中招收一批大专生。

我的专业为城市建设财务会计，1963 级，我们专业共招收 450 人，分 8 个班，我分在财会 63-08 班，中学同学陆淑美在 01 班，高延冰在 02 班。

我从内心来讲是极不情愿学习财会专业的。因为那个年代人们有一种偏见，十分看不起搞财务工作的人，觉得财务会计只不过是个账房先生、记账、打算盘，不像现在搞建设极其重视财务核算。尽管不情愿，我也只能报到求学，这是我当时唯一出路。况且爸爸妈妈希望我能好好学习、服从分配。

报道后，我被告知因国家急需人才，盼望学生们早日学成毕业，所以学制由录取通知书中的三年压缩为二年，其他待遇不变。

我们专业附设在北京市建筑工程学校，虽然学习生活在建校，参加学校的一切活动，但是学习生活还是相对独立于一般中专生，我们不享受中专免食宿的待遇，住宿也在单独的两栋楼中。

当我提着行李，找到我位于男生宿舍一层最西端一间不向阳的房间后，开始了我在建校的生活。开始了与建校，与建筑财会开始了解不开的缘分。

宿舍里面放置了四张上下床，我在靠门口东侧的上铺，我们房间是七个人，比别的少一个人。他们是石崇文、杨世宽、宋惠文、沈维众、翁金刚、杨晋华。我的中学同学高延冰陪我一起搬行李、整理床铺。整理好后，高延冰觉得有两个人好像是他在南京时的小学同学。经过交谈，他们竟然真的是他在南京军事学院子弟小学的同班同学，真是太有缘分了！这份惊喜，几十年来我都不曾忘记，还有我们共同的建校情缘。

我们的班主任是寇言增老师，在他的组织下，班干部产生了：团支部书记是贺书昌，副书记周明，支部委员有夏明月、张夏飞、郭弼奎，班主席是杨晋华，其他班干部有张志诚、史阿琳、伦金英、刘喜苹。

开学典礼之后，财会专业进入专业思想教育阶段。我在学习会上谈及了自己不喜欢专业的"两院论"，即财会人员干好了进医院，干坏了进法院的说法，自我批评这是我对财会专业的偏见。同时还汇报了自己不习惯住校生活，认为在校太受管束，每天"三点一线"，像过集中营一样的思想。我这些思想一经暴露，好家伙！大部分人就开始在学习会上批评我。我想不通！不是要暴露思想吗？我把真实的想法告诉大家，你们竟然无情地批判，让人不能接受。以后谁还敢讲心里话？寇老师很好，他得知我的思想状况后，不但没有批判我，反而表扬我讲实话、讲真话，这有助于端正专业思想，端正学风。多亏了寇老师，不然我就钻了牛角尖。

因为我很少离家过集体生活，所以，住宿我实在不习惯。入校后第一晚就发生了两件事，第一件就是半夜我从上铺掉到了地上。再一件就是夜深人静时，睡梦中的我突然大声叫嚷起来。这一叫，我把同屋的同学和邻近房间的同学都吓坏了。杨晋华在我下铺，他十分关心我，把我抱上铺，问这问那，弄得我很不好意思。后来，回家与爸爸妈妈说起来时，妈妈才告诉我这是"家传"半夜惊叫。辛苦我的室友了。

我在读书时，交到了许多"不打不相识"的好朋友。如同中学一样，我在班上谁也不拍，谁也不惹，上课时容易的课程不想听就看报，为此经常挨老师的批评。后来老师安排团支部委员张夏飞坐我旁边专门管我。开始，我很不高兴。后来我也习惯了，开始好好听课，硬着头皮做笔记，后来，我和张夏飞成了朋友。

我和夏明月的故事也很有趣。报道后，在排队分座位的时候，夏明月排在我前面。他问我："你是哪个学校毕业的？"还向我介绍他是 101 中毕业的。虽然，我如实告诉他我是 67 中毕业的，可是，我心里不太愿意理他，觉得他那么说，挺狂的，没承想，非但我的同桌沈维众也是 101 中毕业的，日后，我还和夏明月成了班上最要好的朋友……

缘由是这样的：在转入正常学习后，我觉得所学课程挺容易的，就想尽办法争取走校。假借身体有病每天要理疗，所以申请走校。每天能回家可把我高兴坏了。但是，有的同学觉得我搞特殊，脱离集体，私下窃窃议论。为这些事，夏明月和我认真谈了一次话，可这次谈话，反而沟通了我们俩个人之间的思想，使得我们成了最好的朋友。

第一学期期末考试，我自以为考得不错，如政治经济学，考了半个小时后，我第一个交卷，石崇文、杨晋华随后也出来了。我特别得意，以为太容易了，结果发下卷子老师判了个 2 分，还写了一句：窜改马克思主义。这把我气坏了。老师只看我"利润"解释不准确，来了个大叉，其他什么也没有判，硬给了个 2 分。全年级 450 个人就我一个，还让我寒假补课、补考。补课就是除春节几天假期后，必须回校学习，由政经课代表刘国忠监督。现在回想起来，要谢谢刘国忠对我的帮助，还占用了他的假期。

入校不久，10 月份，学校召开全校运动会，我报名参加 100m、200m 和 400m 接力三项。谁知我一举在学校跑出了好成绩，以 12 秒 1 和 25 秒 3 分别打破学校 100m 和 200m 校记录(据说 200m 校记录至今还是我创造的)，使得我在学校一鸣惊人。于是，体育教研室主任高崇仁老师把我招收进了校田径运动队。后来，我和同班同学黄秀和(市中学生女子跳远第六名，成绩可观)代表学校参加了全市中专运动会。

第二学期的学习，我完全进入了正常状态，夏明月也正尝试走入我的生活和视线，我俩成了形影不离的好朋友。我对他尊敬、钦佩，视他为知己，他比我成熟、老练、稳重，在班上是团支部组织委员。我们除了住在不同宿舍外，其他时间都绑在一起，还成了同桌。他让我发挥个人爱好，在班上后墙办起了时事专栏。我从各种报纸和杂志剪裁文章张贴在时事专栏上，每周办一期，学们非常欢迎。有时候，晚上一下自习课，他就骑车带上我一起到动物园商场广东餐厅吃馄饨。

1964年5月，财会专业按照北京市对大学生的要求到密云县参加四清运动。我们参加四清主要是接受锻炼，同时结合所学专业，清理小队、大队、公社各级的财务账目，访贫问苦、扎根串联，组织贫农协会。四清活动在四清工作团驻村工作组领导下进行，要求我们站稳阶级立场，不许与地主富农坏分子来往。还有其他纪律和注意事项，如按当地民俗，天热可光膀子，但不准穿短裤，女同学不准穿裙子，不准许下水库游泳，不准许自己做饭或外出吃饭，必须按小队安排吃派饭，只许给粮票，不准给面票，每天每人五角钱一斤粮票等。

我们班被分配到溪翁庄公社。我和杨世宽被安排到走马庄大队荞麦峪小队，我俩住在一位贫农祝庆金家里，房东老太太是个烈属，她丈夫在解放密云及本村时光荣牺牲了。

我们吃的派饭各种各样，贫困的家庭给我们蒸白薯干、烧干白菜汤。一般的家庭给我们吃玉米贴饼、棒子面（粗粒）糊糊、咸菜。稍好一点的给我们吃压饸饹，个别家给我们吃白面馒头、炒鸡蛋、肉片等。总之，吃的派饭基本是白薯干、干白菜汤，一点油水也没有。但是，我没有感到接受不了，家家户户见我和杨世宽能和他们打成一片，很喜欢我们。

每天早上四点多，我们就起床、吃早饭。房东对我们非常关心，怕我们吃不饱，总要再塞给我们一点白薯干，叫我们累了休息时啃啃。天不亮，我们就和社员摸黑翻梁去地头耪地、开苗（玉米地），这是个技巧非常高而且而十分累的庄稼活。有一次，村里的一个小伙子点名要和我比赛，我不懂就答应了。房东家的祝庆金不让我赛，我以为没什么，就跟那小伙子比起来了。我带着一组人，我在最前头开始站一垅耪地开苗，后面一个接一个跟着上，那小伙也带着一组人，在另一侧一个接一个开始干。从地这头一上去，一耪就得近一个小时才到那头。我也是头一次毫无顾忌速度还不慢，也许这与我在67中每年参加三夏大秋劳动有关。社员们无论是男、是女、是老、是少都夸我不含糊，到了那头，我几乎和那小伙儿同时到，可我觉得口内一热，吐出一口血来，让那小伙儿着实害怕。好在祝庆金明白我是因为睡热炕（当地社员是不烧了，由于我们从城里来，不适应怕冷还在烧），上火，又累了。另外，我们有时挑水、浇水、翻白薯秧，还有刨鱼鳞坑植树。1995年我参加部直属单位绿化点研讨会时，一看坝下正好是当年参加四清的荞麦峪，亲切感油然而生。我走进村子，找到当年村会计祝庆贺，彼此一下就认出了对方。

1964 年，北京远郊区农村经济十分落后，交通不便，出门全靠两条腿走路，偶然赶上马车，还能坐一段。因为我们被分配到各村，离公社所在地溪翁庄较远，所以，在近两个月的时间里全班同学仅仅集中了两次。一是听公社领导和学校领导四清运动的报告，二是听取驻各小队的同学汇报和交流四清工作的进展情况、体会和经验。每当集中时大家可高兴了，异常亲热。

历时 2 个月，我们的四清活动结束了，我自己认为我的表现不错，一个从小在大城市机关大院长大的我，不叫苦、不叫累、入乡随俗，和贫下中农打成一片，受益匪浅。我不仅体验到了农民生活的艰苦，体会到了祖国建设任务的重大，而且更加珍惜学习生活，回学校后，学习更刻苦了。

[编者]：

2017 年，由我国倡议的"一带一路"双多边机制成为世界瞩目的热点。在"一带一路"恢宏的发展建设中，许多校友奉献聪明才智，挥洒辛勤汗水，浇灌着美丽的幸福之花。他们是敬爱的"一带一路"建设者和见证者。本刊将陆续编发校友们在一带一路建设中的故事，以资纪念。

远赴巴格达搞建设的回忆（连载一）

孙兴国　城市建设财务会计专业 1963 级

序　言

1984 年 10 月 15 日，北京机场。

天气晴朗，蔚蓝色的天空上飘浮着几朵白云，停机坪上一架涂有绿色飞燕标志的伊航 707 客机静静地等待着旅客登机。一批西服革履打扮的北京市市政局（现市政路桥集团）参加伊拉克卡拉赫引水工程 500 合同第一批先遣组成员准备登机。我就是其中之一。这段经历在我的工作经历中非常重要，终生难忘。

两个伊拉克移民局的彪形大汉，在人们身上从上到下，胸部两侧，大腿内外反复搜查两遍，然后点头示意可以登机。伊航空中小姐反复提醒，要求乘客交出禁止携带的刀具由机组人员统一保管。被搜身后，人们感到人格受到侮辱，精神有些紧张。只是，随着漂亮的空中小姐微笑而周到的服务，人们的精神才逐渐放松下来。

11 点 10 分左右，我们飞向巴格达。670 多个孤独与烦恼的日日夜夜将陪伴着我，走过这一段充满神秘而新奇的人生历程。

第一章　机上风波

第一次坐飞机，第一次出国，看什么都新鲜，大家暂时忘掉了与亲人临别时的伤感。两伊战争自然成为聊天的话题。有人说：我们是中国公民，安全受联合国宪章保护，有人说：咱们的命，天注定，出国前家属在本人出国申请书上签字，就是防止一旦出现意外别和公司打官司。

不知不觉到了吃饭的时间，伊航配餐非常丰盛，因不习惯甜食，吃完饭后人们剩下了一大把三角形的食品，都放在我的桌上。没有想到，后来一到塔基，被工人们一抢而空，才知道叫"奶酪"。是非常有营养但不长胖的食品，真是刚一出国就露一大怯。此时移民局两个人走向我们，一边巡视一边用神秘的右手指向自己的太阳穴位口中喊着"ok"，我们很反感，假装睡觉不理他们，10分钟以后空中小姐又很礼貌的一再重复同样的动作，口中轻声说"瓦黑特"、"伊丝捺"〈伊拉克语：1，2的发音〉，我们仍然不理他们，此时付翻译主动询问，征得局长同意后立即向我们说"谁身上有清凉油，有急用"。可巧，昨天我买了四大盒（40个）没有办理托运，这下可立功了，付翻译和机组人员一说，立刻来了一批又一批外国朋友，清凉油瞬间被抢光。此事之后，伊航服务态度和质量立刻有了很大提高，大家说，"真没想到小小的清凉油，作为民间外交礼品的作用可谓立竿见影"。

飞行7小时后，我们在印度孟买机场加油，大家在太阳下曝晒1小时，没有空调，西服也脱了，但每人仍然大汗淋淋地享受了一场免费桑拿浴。

当地时间晚8时（北京时间次日清晨1时），经过13个小时的长途旅行，飞机终于平稳降落在伊拉克首都巴格达萨达姆国际机场。

第二章　非法入境者

从1984年11月25日第二批劳务人员入境至12月26日，每周一次班机，先遣组前后共接待机械公司，一公司，二公司，四公司500合同的人员478名，同期还有三公司458合同（延续）的452人，再加上1982年12月来伊工作的458合同和1983年11月529合同的人员，整个北京市政总公司近2000人组成的北京饮水组是中国在伊国的特大组，在全伊拉克中国工作人员总数中《据不完全统计78个劳务组的总人数约30000人》，占有举足轻重的地位。这是一支非常有战斗力，技术素质，思想觉悟，组织纪律都比较高的队伍，在 4 年的劳务期间，为祖国赢得了较好的声誉。

每批来伊人员先到塔基生活基地进行中转，办完移民局手续后再分派到西池，北池，南池，塔基四个工地施工。这一个月内，塔基院内人丁兴旺，热闹非凡。新人带来家信，副食品，信息，礼品；老人给我们介绍劳务经验，风土人情，笑话，真有点过节走亲访友的氛围，一片欢歌笑语。

但也不是天下太平，我们一踏上伊拉克国土已经感受到了两伊战争激战的紧张气氛，经常拉防空警报，每个路口，桥头或高大建筑物上四联 23 毫米高射机枪林立，砲位上，升绿旗时原地待命，升黄旗时士兵炮位上岗，升红旗时炮弹上膛进入一级战备状态。我们驻地周围设立了一圈铁丝网，民兵手持俄罗斯冲锋枪 24 小时站岗。

尤其是在第三批 458 合同（延续）中出现了一个"非法人境者"，让大家更加紧张了两天。1984 年 12 月 5 日晚 9 时左右，一辆伊国警车鸣着刺耳的警笛冲入院内，四个宪兵逐屋搜查，非要带走一名工人拘留审查驱出国境，原因是他的两张入境卡没有经安检盖章，是非法入境。我方热情接待，耐心解释，主动揽下全部责任：由于工人不懂外语，忘记上交入境卡了，我们的失误给伊方海关增添了麻烦，表示歉意。并把送给萨黑姆项目经理的一对景泰蓝礼品送给海关。这样终于达成协议：第二天晚 10 点当事人到机场补办手续。

第三章　储存生活物资

塔基是北京饮水组大型生活基地，苏比亚房屋有 80 栋左右，每栋可以安排 6 人居住。院内有自己建的水塔，油库。伊方项目经理部提供的 8 台法国柴油发电机日夜为基地提供动力，还有拳击台，标准足球场供人们锻炼身体，两座大型食堂，每座食堂各有 4 个 80 平方米的冷库，200 平方米的操作间和 400 平方米的餐厅。可同时供 400 人同时就餐。

每个合同项目组要为本合同的几百人准备两年的生活物质，粮食，中成药品，礼品，烟酒，调料，炊事机械等，全部从国内带来，每个劳务人员私人行李中有 10 公斤的重量是集体的生活物资。同时，先遣组人员在王经理带领下在当地采购一般生活用品。

春节前，我们想买 20 个彩色胶卷为所有同志拍一张卡通背景的标准相片，寄回国内给家属报个平安。货品标签是 1.6 伊第 / 个，商店老板非要按 2 伊第 / 个计算。我们认为，应该薄利多销。老板反而说，胶卷是美元进口的，你们买太多了，本国人就买不到了，所以要涨价。原来在伊拉克的私人商店里，买得越多，价钱会涨，这就是伊国私人老板的生意经。

我们在五一，十一，春节，过节期间，每人三两白酒，凭餐票免费供应三天，过节时领导到工人宿舍里和大家一起过节，情意浓浓，亲亲热热，1986年春节前带来的白酒都喝完了，组里打听到有一个劳务组已经用白糖试制成功了低度白酒，我们立即购买几大桶白酒以解春节聚餐燃眉之急。

第四章 劳务产值——完成"一定的量"

我们承接的卡拉赫饮水工程是伊拉克七大重点工程之一，主要是为首都 KARKH 地区 200 万居民供应生活消费用水，可见看出 20 世纪 80 年代的这项工程蕴含着多么深远的战略意义。该工程位于伊拉克首都巴格达西部方向大约 40 公里处，工程概算是 9.7 亿美元。由英国伦敦阿特全公司设计，美国，西德，日本和意大利等国提供设备材料，美国雷蒙德公司和印度大路公司具体分包工程，由中国，埃及，孟加拉等国提供劳务。工程分三大系列，（1）取水头及附属工程由印度大路公司总包承建。（2）输水管线工程由印度大路公司总包承建。（3）清水池系列工程由中国市政局出劳务，伊方出物资，机械，设备，中伊联合承建。设计规模出水量：137 万吨 / 日。清水池共四个，从小到大的排列是：塔基水池、西池、南池、北池。合同规定伊方为总包方，负责模板，混凝土，施工机械，设备采购，水，电力，图纸及工程洽商，设计变更等工作，中方派出合同组长，高级工程师，各专业工程师，各专业工种，各种车辆司机，阿文，英文翻译，会计等共 14 类人员实行劳务分包。劳务人员的月工资从 1400 美元到 450 美元不等。每月依据双方事先商定的施工计划完成后，伊方及时支付工资。伊方实行项目管理，中方只负责提供施工技术，施工质量，施工安全方面的管理。伊方聘请波兰，英国工程师对工程实行工程监理。

完成"一定的量"，是劳务时代的流行语，既是一句口号，又有实实在在的内容。凡是参加过伊拉克劳务的人都会记忆犹新。意思是中方按质量完成"一定的工程量"，伊方按时支付工资。中方实际安排工作任务时，是按照工人在国内 10 天的劳动定额，在伊以 30 天为单位安排施工计划的。这种模式是基于自 1982 年双方开始合作起，前两年肖组长以全体工人和工程技术人员优异的工程技术管理和优良的工程质量赢得了伊方赞誉和信任为基础的。

例如，1985 年 7 月，北池的混凝土浇筑量就完成 3000 立方米，不但创造了中国劳务史上的历史纪录，同时充分显示了中国工程人员的技术水平与潜能。

第五章 夜访国际博览会

1984 年 11 月 5 日,是每年一届巴格达国际博览会开幕的日子,也是我们到伊拉克后第一次夜生活。大家异常兴奋。吃完晚饭后,我们组成的车队来到博览会,几十个国家的展厅让人目不暇接。由于时间太短,我们只能走马观花参观几个国家。首先是中国馆,我国参展的承办省是江苏省,展品以丝绸,茶叶,轻工产品为主,一进门,迎面是大幅反映中伊人民友好的标语,这和所有其他国家展厅门口摆放两个国家领袖的大幅照片的方式形成了巨大反差。在罗马尼亚展厅,大量不同造型的玻璃吊灯把展厅照的金碧辉煌,使人们流连忘返。美国展厅参观的人太多,我们排了很长时间的队才进馆。由于"文革"的禁锢,中国已经十几年没见过所谓资本主义国家的产品了,逆反心理驱使人们对每一个展品,每一件机器设备都要仔细看看,特别是门口摆放的两辆汽车,人们纷纷上前与汽车合影,我们也和伊拉克人一样,排队照相,以留做纪念。其实伊拉克当时的国民生产总值是人均 3000 美元左右,农民开始有汽车了,城市里中产阶级家庭都有几辆汽车,我们照相仅仅是在圆梦,希望将来我们每个家庭都有一辆汽车。参观此次展览使我们看到了我国与技术先进国家的差距是如此之大。(未完待续)

不变的初心　坚定的理念
——贺北建大办学 110 周年
王月森　城市建设财会专业 1964 级

从 1907 到 2017,
办学的路跨过了一个世纪;
从京师初等工业学堂到北京建筑大学,
看似大相径庭却是初心不变的世代承袭。

110 年的漫漫长路,
是科技救国实业强国的初衷;
是求真务实艰苦创业的行动;
是继承传统坚毅笃行的使命;

是立德树人开放创新的传承。

怎能忘记：
初等工业学堂创办的历史背景，
千疮百孔的祖国内忧外患民不聊生，
有识之士发出了"振兴学务，广育人才"的呼声，
从此开启了近代职业教育图强求新的路径。

怎能忘记：
办学的道路艰难曲折坎坷不平，
在日寇践踏内战纷乱之时，
在建国初期百废待兴的境遇中，
与祖国同呼吸共命运展现了新中国建设者熠熠生辉的真情。

怎能忘记：
改革开放三十年的历程，
现代化建设的祖国飞速发展，
古都北京的保护与国际化城市建设同步进行，
崭新的古都风貌是北建大不懈追求精神和睿智光芒的辉映。

以时为经，以史为纬！
110个春秋冬夏：
饱含了报国的初心；
承续了践行的决断；
展现了开放的思维；
成就了坚定的理念。

薪火相传，继往开来！
展望明天的目标：
国内一流、国际知名，
具有鲜明建筑特色的高水平、开放式、
创新型的北建大宏伟蓝图一定会实现。
我们的目的一定要实现，我们的目的一定能够实现！

点绛唇 母校寄情
王钢 工业与民用建筑专业 1979 级

什锦花园胡同，母校前身原址也。今始见当初京师众臣具奏恳请兴办新学，乃知母校开创之不易。有感而发是为词：

什锦花园，百年始见当时奏。

苦心成就，工学今才有。

土木生涯，建筑情深厚。

重回首。

此心依旧。

更把蓝图绣。

松山森林公园游记
金奕 道路桥梁专业 1981 级

32 年前，在北京建筑大学上学期间，做道路勘测课程设计的时候，我参与了松山林场 9 公里山区道路的设计。而今，30 多年过去了，山路依旧，而山林已经建成北京北部著名的森林公园。溪水从山顶潺潺而下，在山谷中汇集成流，在树林中流淌下来。浓密的树冠遮天蔽日，几乎看不到太阳，地面上是低矮的灌木，以及长在石头上的青苔。溪水极清澈，虽然暗黑的树根以及青苔的包裹，使得水流显得昏暗，但伸手捧在手里，清澈见底，完全没有污染。水很凉，甚至可以冰西瓜，这里的气温比北京城区要低近 10 度，是夏天避暑的好地方。溯溪而上，可以看见巨大的岩石，有堆积的海底沉积岩，运气好的话，可以看见贝壳的痕迹，有巨大的断层，有水滴、冰凌形成的冰臼，大自然的演化过程，清晰地展现在眼前，让人感到造物主的伟大。各色树木交互生长，遮天蔽日，占满整个空间，让人感觉林间非常阴暗，而这浓郁的树影中，是厚重的氧气，这里是天然的大氧吧，是氧气的汇聚地。继续向上，便可以看见大片的油松，这也是松山得名的由来。由于特殊的地理位置，高大的海坨山挡住了来自内蒙古草原的寒风，使得树木，植物在南坡得以生长。又由于高山的阻隔，产生降雨，大量的雨水汇集，便形成了湍急的，水量很大的清泉，这在干旱的北方，是弥足的珍贵。临近山顶的时候，几乎全是松树，地面上铺着厚厚的松针，软软的。沿着小路下山，感觉很轻松，清凉的伴着松香的氧气，更能帮助人们消除疲劳，满目青翠，凉风习习，更带给人惬意的凉爽，真乃北京的一块宝地。

由于修建的道路，人们可以轻松地来到曾经遥远的松山，可以近距离地感受森林，树木，阳光和氧气，实在是难得的享受。这也是我们所有道桥人的骄傲。

沁园春　贺北建大办学一百一十周年
侯航舰　城市道路及桥梁工程专业1992级

弱冠离乡，北上求学，影瘦力艰。

忆桥头拉面，多则四碗；茴香饺子，少也三盘。

声震京都，名扬海外，吾辈读书怎惧难？

何曾忘，在长明灯下，残梦犹酣。

承传百又十年，北建大还织宏锦篇。

看西城老校，德学并举；大兴新址，花叶同繁。

勤奋团结，创新求是，建筑英才谁斗妍？

等来日，复硕实盈苑，万木参天。

摄影书画作品

【编者】

北建大人中，工程师多，总工多，劳模多，专家多。当然，不乏多才多艺者，诗文，书画，摄影，篆刻等等都是北建大人抒发爱国情、母校情、师生情、同窗情的载体。今撷取校友创作的作品，以飨读者。

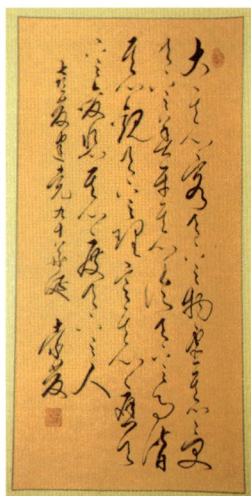

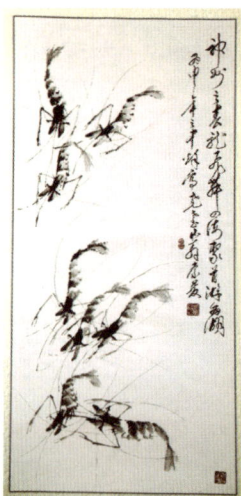

孙索庆　土木科 1951 级

爱新觉罗·启骧　建筑工程专业 1952 级

何镇强　建筑工程专业 1952 级

王瑞霖　城市建设财务
会计专业 1964 级

朱晓昆　城市建设财务会计专业 1964 级

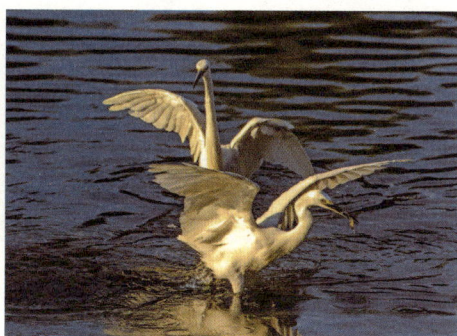

朱雄　城市建设财务会计专业 1964 级　舞

揭新民　建筑学专业研究生 1988 级　悄语对枝

西藏－羊卓雍错

嵩山雪景
熊元克　道路与城市交通工程专业 1990 级

希腊－爱琴海－圣托里尼岛
刘军　测绘工程专业 1993 级

校党委书记王建中、校长张爱林带队赴通州区调研

2016 年 7 月 15 日，校党委书记王建中、校长张爱林就我校如何更好地服务通州区作为北京城市副中心的建设赴通州区调研。学校党政领导班子成员及干部培训班学员近 30 余人参加调研活动。通州区委书记杨斌，区委副书记、政法委书记杨静慧，副区长李亚兰、刘贵明等热情接待了王建中书记、张爱林校长一行，召开了通州区与北京建筑大学座谈会。

校长张爱林在座谈会上发言，他说，我校获批的北京"未来城市设计高精尖创新中心"，集中体现了北建大的学科特色优势。要举全校之力，以北京"未来城市设计"高精尖创新中心为基地，汇聚国内外一流专家，搭建创新平台，按照副中心定位要求做好城市副中心规划、设计、建设、管理的全过程学术研究，取得学科前沿的创新成果。

党委书记王建中表示，通过参观调研，为通州的发展蓝图感到鼓舞，对通州区各级领导干部攻坚克难、取得的成就表示由衷钦佩，学校的各级领导干部要认真学习这种精神。学校作为北京市唯一一所建筑类高校，使命是为北京市城乡建设发展培养人才，为科技研发提供智力支持。城市副中心建设为学校服务北京城乡发展提供了难得的机遇和平台，也为学校提升办学水平提供了机遇。学校要紧抓机遇，为城市副中心的建设做出实质性、历史性的贡献。

通州区委书记杨斌对学校领导到来表示欢迎。杨斌指出，北京建筑大学是一所扎根北京，为北京培养城乡建设人才的高校。作为学校杰出校友，杨斌表示在学校学习期间深有体会，并回忆了学生期间的点滴。杨斌指出，北京市把"未来城市设计高精尖创新中心"放在北建大，说明北京建筑大学在北京甚至在全国城市设计领域是高水平的。北京建筑大学领导对习总书记讲话、政治局学习、市委精神和通州总体情况的把握全面深刻，与通州区领导的判断和想法高度一致。市委市政府全力支持城市副中心建设，在这个关键

时刻，市委确定让北京建筑大学参与城市副中心建设，时机非常好。杨斌希望，学校能在城市副中心这个国家大事、千年遗产的整个建设过程中，从规划、建设到管理全程参与、全面参与，实现市委市政府最新、最好、最高标准的城市副中心建设目标。

我校 27 个项目获得 2016 年度国家自然、社会科学基金资助

2016 年 8 月，国家自然科学基金委员会和全国哲学社会科学规划办公室分别公布了 2016 年资助项目的评审结果。我校共获准资助 27 项，其中国家自然科学基金项目 22 项；国家社科基金项目 5 项，包括一般项目 3 项和艺术类项目 2 项，各类立项数均创历史新高。今年我校国家自然科学基金申报数量较去年增长了约 35％；国家社会科学基金申报数量较去年申报数增长了约 33％。较去年同期资助情况相比，国家自然科学基金获资助项目数增长 10%，国家社会科学基金艺术类项目获准资助率达到了 100%。

学校召开党委全委会审议通过学校精神文化体系方案

2016 年 8 月 30 日，学校召开党委全委会审议通过北京建筑大学精神文化体系方案，该方案包括办学理念、校训、校风、北建大精神等。

会议指出，文化传承创新是大学的重要使命。大学精神文化体系是大学落实立德树人根本任务的重要基础，是大学文化建设的核心，是学校历史文化沉淀和优良传统的结晶，是学校办学定位、办学特色和价值追求的集中体现，是学校办学实力与核心竞争力的重要体现，反映了大学独特的气质和品格。在学校"十三五"发展"提质、转型、升级"的关键时期，以学校 80 年校庆为契机，总结建校以来的成就和经验，进一步凝练办学精神文化体系，对学校未来改革发展具有十分重要的意义。附：北京建筑大学精神文化体系

办学理念：立德树人　开放创新　校训：实事求是　精益求精

校风：团结　勤奋　求实　创新

北建大精神：爱国奉献　坚毅笃行　诚信朴实　敢为人先

学校隆重举行校史馆开馆仪式

　　2016年10月8日，北京建筑大学校史馆开馆仪式在大兴校区图书馆五层凌云厅举行。校领导、离退休老领导、老教师代表、各单位负责人、师生代表100余人参加了开馆仪式。纪委书记何志洪主持开馆仪式并简要介绍了校史馆的建设历程。

　　党委书记王建中在致辞中首先代表学校向各位老领导、老同志以及历届北建大师生长期以来为学校建设发展做出的贡献表示崇高的敬意，向为校史馆建设付出辛勤劳动的所有人员表示诚挚的感谢，向校史馆落成并正式开馆表示热烈祝贺。他指出，校史是学校发展历程的真实写照，是学校文化传承的重要载体，是大学精神的集中体现，是一所成熟大学不可缺少的重要内容。校史馆作为一所大学办学精神、办学理念和校园文化的物化凝练，是一所大学文化记忆、传承与创新的重要阵地，在留存历史、传承文脉等方面发挥着极其重要的作用，是大学校园重要的文化标志物。学校高度重视校史编纂工作，专门成立校史工作组和大学精神文化体系工作组，历时一年多，编印了《北京建筑大学校史史料汇编》，形成了学校精神文化体系，建成了校史馆，这是全体北建大学子智慧的结晶，是学校办学历程的精髓浓缩，充分展现了学校深厚的文化底蕴和自强不息的奋斗精神。我们要充分发挥好校史馆传承历史的育人功能，把其打造成为展示学校办学成就的重要窗口，进行爱国荣校教育、激励全校师生的生动课堂，联结海内外师生校友的重要纽带，进一步激励广大师生员工投身学校"十三五"改革发展大潮、投身学校提质转型升级宏伟事业。

　　党委书记王建中、校长张爱林向王锐英、张素芳、张庆春、赵京明、魏智芳、沈茜、梁凯、曹鑫浩8位校史工作组同志颁发了感谢状，以感谢他们为学校校史资料整理和校史馆建设做出的积极贡献。

　　仪式上，党委常委、校庆办主任张素芳以及各学院各单位负责人，分别向学校档案馆筹建工作组副组长沈茜移交了校史、院史和本单位发展史。测绘学院党委书记王震远代表测绘学院向校史馆赠送了一台老经纬仪。

党委书记王建中、校长张爱林、教师代表王锐英和学生代表齐丹阳共同为校史馆揭幕。全体参加仪式人员参观了校史展览。

获评"未来城市设计高精尖创新中心"服务北京城市副中心建设

2016 年，学校获批北京"未来城市设计高精尖创新中心"，为学校提供了里程碑式的重大发展机遇。中心聚合了清华大学、东南大学、中国建筑设计研究院有限公司、哈佛大学、密歇根大学等国内外多家单位，聘请包括 9 位院士在内的 15 位国内外高水平专家担任中心学术委员会委员和国际咨询委员会委员，汇聚了百余名具有国际影响力的海内外一流学术人才，是国内城市设计领域唯一的高精尖创新中心。中心全面参与和服务北京城市副中心建设，与通州区政府签署《全面合作协议》，联合主办首届北京城市设计国际联合工作营，积极承办北京城市副中心交通规划国际专家研讨会，围绕城市副中心的规划、设计、建设、管理等开展大量富有成效的工作。

获批大型多功能振动台阵实验室
学校科技创新能力持续提升

实施"高端平台建设工程"和"双协同推进计划"，认真贯彻落实全国科技创新大会和北京科技创新大会精神，积极实施"创新领校"战略，推进科技管理体制机制改革，形成科学规范的科技管理制度体系。2016 年，高端平台建设获得突破，获批建设"大型多功能振动台阵实验室"，实验室建成后将成为京津冀唯一、国际领先、具有重要国际影响的高水平试验平台和人才培养基地。联合北京印刷学院、北京石油化工学院发起成立京南大学联盟，和大兴区共同签署《京南大学联盟服务大兴行动计划》。成立中国非物质文化遗产研究院、中荷未来水处理技术研究中心，承担长城保护规划等全国重点文物保护单位的修缮工程及保护规划。校办企业承担各类项目近 600 项，获得詹天佑奖、结构长城杯银奖等多项奖励。科研经费较去年增长 20%；国家基金项目再创新高，位居建筑类高校前列，新增北京市重点实验室 3 个，获得省部级科技奖励一等奖 4 项。

制定 2016 版人才培养方案
全面推进新一轮教育教学改革

实施"创新人才培养工程"和"育人质量提升计划"，落实"三增、三减、三优化"的基本原则，制定 2016 版人才培养方案，全面启动新一轮教育教学改革。召开提升育人质量工作座谈会，构建"专业教育 + 通识教育 + 双创教育"三位一体的人才培养新模式。外培双培学生规模进一步扩大、毕业生就业率持续走高。研究生教育规模与质量稳步提升，各学科在校研究生规模结构进一步优化，交叉学科建设取得显著成效。学校成功获批建筑用能国家级虚拟仿真实验教学中心、北京高校校内创新实践基地、北京市高校实验教学示范中心，测绘工程专业通过工程教育专业认证，土木工程专业通过专业复评。

全面实施高层次人才引育计划
人才队伍建设取得新进展

实施"高端人才引育计划"，建立高端人才专家库和高端人才引进工作考核机制，引进"国家百千万人才工程"获得者 1 人、国家"千人计划"入选者 1 人、省部级杰出青年基金获得者 1 人。启动两批"双塔计划"项目，共计支持各类人才 56 名。优化学校职称比例结构，高级专业技术职务比例提升至 65%。新增政府特殊津贴专家 2 名，入选北京海聚工程人才 8 名、科技部中青年科技创新领军人才 1 名、北京市百千万工程人才 3 名，入选北京市高创计划杰出人才 1 名、青年拔尖人才 2 名，入选市委组织部青年拔尖个人 1 名。8 名博士后获中国博士后科学基金和北京市博士后科研创新研发类项目资助。

首家"中国青年创业社区"高校站落户我校　创新创业教育工作硕果累累

系统推进"双创"教育，把创新创业教育作为人才培养改革的突破口，融入人才培养全过程。获评首批"北京地区高校示范性创业中心"，"金点创空间"成为中国青年创业就业基金会授权认证的首个在高校建设的青年创业社区，"未来城市创空间"获批"大兴区众创空间"称号。校长张爱林在北京市贯彻落实国务院普通高校毕业生就业创业工作电视电话会议工作推进大会做主题发言。党建引领创新创业教育相关成果获 2014 - 2015 年北京高校党的建设和思想政治工作优秀成果二等奖和创新成果奖。在"创青春"全国大学生创业大赛终审决赛中，斩获两银两铜。2016 年，学生在全国和北京市各类学科竞赛中获得奖项累计达 303 项。

举办暑期国际学校
稳步推进国际化办学工作

实施"国际化拓展计划"，新增国际合作院校 7 所，积极推进"中法国际大学城"建设，举办首届国际暑期学校，举办开放建筑国际工作营和首届北京城市设计国际联合工作营，启动"大师驻校计划"，建立"驻校大师工作室"，连续两年承担"中国青年设计师驻场四季计划"活动，师生设计成果亮相北京国际设计周

专题展。2016 年举办国际学术会议 5 场，国际学术报告 47 场，教师参加境外培训和国际学术会议 51 人次，输送 104 名学生参加中外合作培养和境外访学，获批国际合作科研项目 2 项，学校国际化办学氛围进一步增强。

成功举办八十周年校庆　大学文化建设取得显著成效

本着"隆重、热烈、节俭、务实"的原则，围绕"情感校庆、学术校庆、文化校庆"的主题，召开庆祝建校八十周年大会，成立北京建筑大学教育基金会，举办北京城市设计国际高峰论坛等多场高端学术会议、"未来城市"校庆嘉年华和多场高雅的文艺活动，激发了广大师生校友爱校荣校的热情。校庆前夕，杰出校友，中共中央政治局原常委、全国政协原主席李瑞环在京亲切接见了我校领导，表达对母校的问候与关怀。全面梳理办学历史，系统构建学校精神文化体系，在大兴校区与中国建筑学会共建中国建筑师作品展示馆，并入选"大兴区第二批南海子十大文化基地"，建成校史馆、艺术馆，在西城校区建成文化艺术展示空间，两校区成功举办多场高水平展览展示活动，"文化塑院计划"系统推进，学校文化建设迈上新台阶。

北京桥梁博物馆筹建前期展在我校开幕

2017 年 2 月 28 日，由北京市交通委员会和北京建筑大学联合主办，北京市交通委员会路政局承办的"翩若京虹 宛若游龙——北京桥梁博物馆筹建前期展"在大兴校区图书馆隆重开幕，当天下午在土木与交通工程学院召开了北京桥梁文化与科技学术报告会。北京市交通委员会正局级委员李晓松、茅以升科技教育基金会秘书长茅玉麟、北京市市政设计研究总院原总工、全国勘察设计大师罗玲，大兴区副区长李强，北京市交通委路政局副局长刘长革、王众毅，我校校领导王建中，张爱林等出席了大会。中国公路学会、北京市交通委员会、北京铁路局、市水务局、园林局、文物局、市教委等有关机构负责人，北京市高校博物馆学会等有关单位负责人，北京市桥梁界专家，北京市有关交通企业、设计单位、学会协会，高校师生代表300余人参加了开幕式。开幕式由副校长李爱群主持。

开展后，北京市交通委主任、我校道桥专业1978级校友周正宇专程到校参观展览。周正宇一边观看展览一边认真听取介绍，他仔细查看并询问北京桥梁博物馆的建设筹办情况。他对学校主动承担研究北京桥梁历史文化，总结北京桥梁建设与管理经验，促进交通学科发展，为交通行业发展培养后继人才，积极筹建北京桥梁博物馆等方面取得的成绩表示肯定。他指出，建设北京桥梁博物馆是百年大计。希望学校能够进一步发挥学科专业优势，联合北京市交通委员会，协同北京市交通委路政局，共同规划建设好北京桥梁博物馆，凭借优秀的教学科研成果为北京的城市发展和京津冀一体化交通事业发展贡献力量。

《北京建筑大学章程》获北京市教委核准

2017年3月，我校章程经北京市市属高等学校章程建设领导小组和市属高等学校章程建设联席会议成员单位审议核准，标志着《北京建筑大学章程》已经依法依规完成制定、核准程序，从即日起生效。《北京建筑大学章程》的核准生效标志着我校章程建设工作进入宣传和贯彻实施阶段，学校将加强对章程的学习、宣传和落实，牢固树立和坚决维护章程的权威，切实发挥章程的引领作用，进一步加强现代大学制度建设，不断规范管理职能、完善民主监督机制，更好地发挥章程在学校建设发展和综合改革中的重要作用，形成依法治校、按章办学的良好氛围。

学校举办学习贯彻全国高校思想政治工作会议精神专题辅导报告会

2017年5月24日，学习贯彻全国高校思想政治工作会议精神专题辅导报告会举

行，中央党校王海滨作《习近平总书记关于"办好中国特色社会主义高校"的重要论述》专题辅导报告。校领导李维平、张启鸿，处级干部、思政课教师、党支部书记、院团委书记、辅导员等近 300 人参加报告会。报告会由组织部部长孙景仙主持。

此次报告是学校学习贯彻全国高校思想政治工作会议精神、习近平总书记系列重要讲话精神第二次集中培训，旨在不断提升相关干部和相关教师的认识水平、理论素养和职业能力，为学校早日建成国内一流、国际知名、具有鲜明建筑特色的高水平、开放式、创新型大学奠定理论基础。

我校首位"建筑遗产保护理论与技术"博士研究生顺利通过学位论文答辩

2017 年 6 月 5 日，2013 级博士研究生戚军顺利通过博士学位论文答辩，这是我校服务国家特殊需求"建筑遗产保护理论与技术"博士人才培养项目首位通过学位论文答辩的博士研究生。

戚军同学的学位论文题目为《基于系统论的文物建筑合理利用研究》，创造性地将系统论引入文物建筑保护领域中，结合实际案例构建文物建筑利用系统科学的理论体系，设计可检测利用的矩阵，实现了文物建筑合理利用的系统分析方法。答辩委员会一致认为论文达到了博士学位论文的水平，经无记名投票表决，全票（7 票）同意戚军同学通过博士学位论文答辩，建议授予工学博士学位。

以上新闻来源于北京建筑大学新闻网　编辑：沈茜

我校成功举办 2016 首届"校友杯"足球赛

2016 年 6 月 25 日上午,首届"校友杯"足球赛精彩开赛,本次比赛共吸引市政总院、市规划院、市教委、中建院、北勘院等 17 家校友企事业单位和上级领导单位参赛。本届比赛旨在为母校八十周年校庆活动预热,进一步培育情感、增进友谊、加强合作、共谋发展。比赛采用小组循环赛加淘汰赛的赛制,至校庆前完美落幕。

本次比赛得到了京能科环、市政总院、北勘院等校友企业的大力支持和赞助。

校友李瑞环编剧的经典剧目《韩玉娘》在我校隆重上演

2016 年 9 月 8 日晚,为喜迎我校八十周年华诞,由我校杰出校友李瑞环同志编剧经典剧目《韩玉娘》在我校大学生活动中心隆重上演。《韩玉娘》是李瑞环同志改编自梅派京剧《生死恨》,十易其稿最终完成的,被认为是"既继承原创精华又脱胎换骨的一出新戏,为传统戏剧的改编提供了成功的范例"。

党委书记王建中、校长张爱林会见开心麻花董事长张晨校友

2016 年 10 月 11 日,学校党委书记王建中、校长张爱林在大兴校区会见了北京

开心麻花娱乐文化传媒股份有限公司董事长，我校暖通专业85级校友张晨。党委副书记、校友会常务副会长张启鸿、他当年的辅导员、大兴管委会常务副主任邵宗义、党政办公室、校友办、校团委负责人参加会见。

校领导在会谈中指出，张晨是我校优秀校友代表，拼搏创业二十多年最终实现梦想的奋斗历程，是对全体建大学子和青年校友最生动的教育与激励，是帮助他们树立奋斗自信的榜样和指引，并诚挚邀请他们为母校发展积极建言献策，继续关心支持母校发展，为母校早日建设成为国内一流、国际知名、具有鲜明建筑特色的高水平、开放式、创新型大学的宏伟目标贡献智慧和力量。张晨校友感谢母校的培养使他磨炼了勤奋创新的品质，敢为人先的精神和精益求精的追求，自己一定会一如既往地关注母校的发展变化，为母校的发展建设贡献力量。

北京建筑大学召开校友会第三届理事会第三次会议

2016年10月15日，第三届校友理事会第三次会议在四合院会议室如期召开。党委书记王建中，校长、校友会会长张爱林，党委副书记、校友会常务副会长张启鸿，副校长、校友会副会长张大玉，纪委书记、校友会监事何志洪，理事代表、党政办、校友办负责人齐聚一堂，共商学校发展大计。会议由张大玉主持。

党委副书记、校友会常务副会长张启鸿向大会汇报了第二次会议以来校友会工作情况，接受理事们的审议。

张爱林校长致辞。他与理事们共同回忆了学校办学历史、文化沉积和办学特色，简要介绍了学校近期主要开展的工作和学校"十三五"事业规划，重点就学校短期和长远发展，特别是"两高"办学布局中学校建设发展重点工作和设想与理事们进行了交流。

谈到校友会工作时，张校长讲到，北建大八十年成就，离不开广大校友的无私奉

北京建筑大学校友会第三届理事会第三次会议合影留念 2016.10.15

献。校友是北京建筑大学办学水平和实力的最重要标志，校友的地位决定北京建筑大学的地位，校友是北京建筑大学最大的财富、最大的资源，是母校事业发展的重要参与者、重要推动者，办好北建大是我们共同的事业。校友会要继续建立服务校友的信息网络平台和办好《北建大人》刊物，进一步完善校友交流平台，积极筹建国内外校友分会、行业分会。他希望全体校友一如既往的关心母校，共同把北建大发展好、建设好，实现具有鲜明建筑特色的创新型北京建筑大学目标！

与会理事为学校日新月异的发展倍受鼓舞，纷纷表示以学校为荣，愿意为学校贡献一己之力。大家满怀感恩之情积极发言，心系学校发展建设，围绕如何发挥校友会联系服务校友的桥梁纽带作用，如何利用校友会、教育基金会平台服务学校以及对学校发展特别是人才培养等方面出谋划策，为学校"十三五"发展规划和校友会下一阶段的工作提出了宝贵建议。

党委书记王建中做总结讲话。他首先代表学校党委向理事们和校友们对学校的关心关注、建言建议和促进学校发展建设提供的帮助支持表示衷心的感谢和崇高的敬意。他说，校友理事会是代表全体北建大人谋划推进学校发展，帮助学校领导班子带领全校师生把学校越办越好的重要载体，刚才大家提出了很多的意见，会后我们将认真梳理总结，着力推进落实，与各位理事、广大校友一起努力共同把学校建设得越来越好、水平越来越高。各位校友理事都是海内外校友会的骨干和广大校友的代表，在各自所从事的领域中都有着极高的威望与号召力，希望各位理事、广大校友能够一如既往的帮助、支持学校的发展，多给学校出主意、想办法，一起努力推动学校更快更好发展。

会后，王建中、张爱林与参会理事合影留念。

张晨校友做客"校友跟你说"第四期

2016 年 11 月 29 日，北京开心麻花文化传媒股份有限公司创始人、现任董事长、我校暖通专业 85 级校友张晨回到母校，做客"校友跟你说"第四期，回忆大学点滴，畅谈创业梦想。环能学院党委书记刘艳华、校团委书记朱静、校友办主任沈茜及团委相关老师和各学院学生骨干代表近 300 人参加了此次交流活动。活动伊始，环能学院党委书记刘艳华、校团委书记朱静、校友办主任沈茜向张晨颁发了我校创新创业教育学院创新创业导师聘书。

颁发聘书

活动现场

活动还邀请到张晨在校学习期间的辅导员邵宗义老师参加。邵老师表示，同学们要以张晨学长为榜样，努力把自身塑造成更加有特色、有特点、有亮点，勇于追求卓越的北建大人。此次分享交流会作为 2016 年团校暨学生骨干培训班的重要组成部分，为我校学生队伍建设提供了良好的平台。

校友会举办首届校友新年团拜会

2016 年 12 月 31 日，校友会邀请 20 多家校友企业的校友欢聚一堂，共话师生情、同窗情，举办了首届校友新年团拜会。校长张爱林，校党委副书记、校友会常务副会长张启鸿及校友会与校友共庆新年。

校长张爱林送新年祝福

党委副书记校友会常务副会长张启鸿送新年祝福

校友会常务副秘书长沈茜老师与大家追忆往昔

欢声笑语迎新年

北京建筑大学首期"校友导师"计划正式启动

2017 年 1 月 5 日，我校首期"校友导师"聘任仪式如期举行，标志着该计划正式启动。来自北京建工集团、北京测绘院、北京城堪院、测绘出版社、江山控股、北京市东城区行政执法监察局等 5 家校友企事业单位的 9 名校友将担任试点学院—测绘学院的 2016 级部分新生的人生导师。校友办主任沈茜、招就处职涯教研室主任贾海燕、就业辅导左一多出席了仪式。仪式由赵亮主持。测绘工程 2007 级校友马新建带领校友导师们共同宣誓，做出庄严承诺。

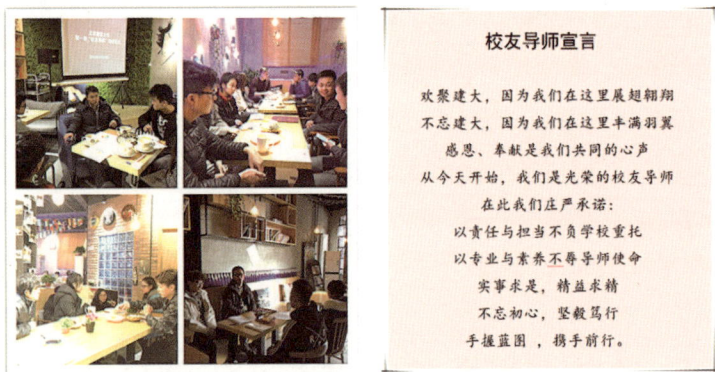

现场校友导师与所带团队进行了深入交流。

校领导看望市交通委党组书记、主任周正宇校友

2017 年 1 月 10 日，校领导王建中、张爱林、李维平、张启鸿以及党政办、基建处、图书馆、校友办负责人看望了我校道桥专业 1978 级校友,北京市交通委员会党组书记、主任周正宇。市交通委副主任方平、委员王春强、我校道桥专业 1979 级校友、路政局副局长王众毅、交通委办公室主任赵子龙、规划处处长陈金川、轨道交通综合协调处处长许书英、我校道桥专业 1997 级校友、停车管理处处长穆屹参加了座谈。

党委书记王建中、校长张爱林代表学校向周正宇和广大校友致以新春的问候和祝福，感谢校友们对母校发展的关心和支持，简要介绍了学校"十三五"开局之年的发展情况，希望广大校友继续关心支持母校的发展，多为母校的发展献计献策。

周正宇感谢母校领导专程看望。他说，"近年来，母校紧紧抓住国家京津冀协同发展战略、北京'四个中心'建设等一系列重大机遇，各项事业实现快速发展，为北京城乡建设领域做出了重大贡献，我和千千万万的校友一样，为母校的辉煌历史和办学成就感到骄傲和自豪！"他建议，母校继续紧密结合国家与首都发展战略，突出办学特色和智力优势，依托我校高精尖创新中心，快速推进"两高"布局建设，紧抓新机遇积极发展北建大。此外，希望与母校在交通领域加大产学研合作，积极搭建平台，探索协同创新之路，力争在推进京津冀协同发展，交通一体化先行、"轨道上的京津冀"等一系列战略举措中实现共同发展。

校长张爱林看望杰出校友王大明、爱新觉罗·启骧

2017年1月20-21日，我校校长、校友会会长张爱林分别看望了杰出校友、北京市第八届政协主席王大明、书法家爱新觉罗·启骧。张爱林代表学校感谢两位杰出校友长期关心学校发展，特别是对学校80周年校庆给予的大力支持，并提前给两位老校友拜年。

王大明、启骧两位老校友主席感谢母校领导专程看望。并为母校蒸蒸日上发展送上真挚地祝福。

两会上的北建大人

第十二届全国人民代表大会第五次会议和政协第十二届全国委员会第五次会议，分别于 2017 年 3 月 5 日和 3 月 3 日在北京开幕。我校有四位校友作为代表出席会议。

全国政协委员　霍达
我校建筑机械专业 1963 级校友，著名女作家。代表作品有《穆斯林的葬礼》《红尘》《补天裂》等。

全国政协委员　刘勇
我校道路与桥梁专业 1981 级校友，北京市市政工程设计研究总院副院长。

全国政协常委　郑建邦
1982-1985 年在我校任教，民革中央副主席。

全国政协委员　揭新民
我校建筑学专业 1988 级校友，内蒙古住建厅副厅长。

校长张爱林一行看望河南校友并走访校友企业

2017 年 4 月 14 日至 15 日，校长张爱林带队赴河南看望校友代表，党委副书记张启鸿等一同前往参加了座谈和走访。

4 月 14 日，校友座谈会在郑州举行。河南省 30 余位校友代表从各地赶来与母校领导和老师们聚集一堂，共话情谊。座谈会由河南分会秘书长、河南万里路桥集团总经理、道桥专业 1991 级校友徐琦主持。河南校友分会会长、河南万里路桥集团股份有限公司党委书记、测量工程专业 1985 级校友付建红致欢迎辞并介绍了河南校友分会情况。

张爱林听取了河南校友分会工作情况汇报，高度肯定了河南校友分会长期以来开展的一系列工作，代表学校表达了对校友们的感谢和问候，感谢校友们在学校建校 80 周年时，捐资支持母校教育事业发展。河南交通厅交通运输局局长、道桥专业 1989 级校友高建立，河南交通厅交通科学院总经理、道桥专业 1988 级施笃铮等各年级各专业校友代表纷纷发言。现场气氛热烈，其乐融融。座谈会后，河南省人民政府副秘书长、道桥专业 1990 级校友吴浩专程赶来与母校领导和老师见面交流。

4 月 15 日，张爱林一行赴许昌实地走访校友企业河南万里路桥集团股份有限公司。在河南万里路桥集团股份有限公司董事长、测量工程专业 1986 级校友张良奇等陪同下，先后参观了总公司及许昌金欧特沥青股份有限公司、许昌德通振动搅拌技术有限公司等子公司，并与在许昌的十余位校友代表进行了座谈。

北建大校友奥森公园长走活动欢乐上演

5 月 7 日上午，奥森公园蓝绿交织，清新明亮，水人共融！北京建筑大学校友长走活动在此欢乐上演！本次活动以"走出健康，增进情感"为主题，让校友们在享受"快乐运动"的同时，共话校友情、母校情，增进了彼此之间的情感。近 40 位校友参加了活动。

校领导看望校友孙索庆

5月8日，我校纪委书记、校友会监事会会长何志洪看望了土木科1951级校友、建筑机械专业主要创建人孙索庆及夫人张莉琴（机械专业校友）。机电学院党委书记赵海云、副书记高瑞静、校友办主任兼党政办副主任沈茜、综合管理科科长赵亮陪同。

何志洪向两位校友介绍了学校近期开展的工作以及未来发展目标。他代表学校感谢两位校友长期关心学校发展，特别是对学校80周年校庆给予的大力支持，盛情邀请他们回母校参加学校办学110周年纪念活动。

85岁高龄的孙索庆学长思维敏捷，详细讲述了建国初期学校艰苦奋斗、自力更生，努力为新中国培养建设者的办学情况。回忆了自己求学、留校、任教、和同事们共同创建建筑机械专业的历史，如数家珍。孙索庆夫妇与母校感情深厚。80周年校庆时，孙索庆向母校捐赠了书法作品《上善若水》，2件书画作品参加校庆书画展。张莉琴向母校捐赠著作一套，及主编杂志《中外文化交流》（1994年增刊）一本。今年，孙索庆喜闻学校建设档案馆、举办办学110周年纪念活动，再次向母校捐赠书法作品两幅：《北京建筑大学档案馆》、《格言》。何志洪代表学校表示感谢，向他们颁发了捐赠证明书，赠送了在校生美术作品一幅。

2017年6月29-30日，2017届夏季毕业生典礼分别举行，为了欢迎新校友，加强校友与母校的联系，校友会为新校友们准备了"留手印、留微笑"、"最美毕业照征集"、"对话母校—参观校史馆"、赠送"毕业留念书签"，注册"电子校友卡"、聘任"校友联系人"等活动，祝福新的校友毕业快乐！祝愿他们工作顺利！身体健康！

我校召开北京建筑大学教育基金会
第一届理事会第一次会议

2016 年 8 月 19 日，经北京市教育委员会批准，北京建筑大学教育基金会在北京市民政局正式注册成立。9 月 5 日，北京建筑大学教育基金会第一届理事会第一次会议在大兴校区四合院举行。我校党委书记王建中、校长张爱林，党委副书记、校友会常务副会长张启鸿，副校长、校友会副会长张大玉及我校教育基金会第一届理事会理事、监事等相关人员参加会议。会议共分两个阶段进行。

第一阶段会议首先由副校长张大玉宣读了《北京市民政局行政许可决定书》及第一届理事会、监事会名单。党委书记王建中、校长张爱林对基金会的成立发表讲话。

校长张爱林在讲话中指出，成立教育基金会是推动我校发展的重要平台，是学校、社会和校友之间一座紧密联系的桥梁。基金会与校友会应当充分发挥市场调节作用，与社会、企业、学校形成合力。他强调，基金会理事会要不断创新机制，改变思维，放眼国际，博采众家之长；扎实做事，做好服务，建立纽带，吸引校友和社会资源，汇聚成推动学校发展的巨大能量，进一步激发学校创新活力，更好地服务社会大众。

党委书记王建中对教育基金会的成立表示热烈祝贺，对申报教育基金会而辛勤付出的团队表示感谢。他强调，基金会理事会要严格依法运管，积极争取校友、企业和社会的大力支持，为学校建设发展提供优质资源支持；坚持目标导向，开动脑筋，创新思路，勤奋工作，实现既定目标。他真诚祝愿基金会越办越好。

第二阶段会议上，副书记、校友会常务副会长张启鸿列席。秘书长沈茜主持，副理事长李雪华组织讨论通过了《北京建筑大学教育基金会章程》。全体理事监事学习了国家法规、讨论了基金会制度建设初稿，以及基金会建设、筹资项目等事项。

北京建大资产经营管理有限公司
向北京建筑大学教育基金会捐赠仪式成功举行

2016 年 10 月 10 日，北京建大资产经营管理有限公司向北京建筑大学教育基金会捐赠仪式成功举行。校长张爱林、党委副书记张启鸿、副校长张大玉，基金会理事会成员、企业负责人、校友办工作人员等参加仪式。仪式由张启鸿主持。

北京建大资产经营管理有限公司总经理丛小密、北京建工远大建设工程有限公司总经理张宝忠，北京建工京精大房工程建设监理公司总经理田成钢分别与基金会理事长白莽签署了共同向基金会捐款200万元的捐赠协议。校领导向捐资企业代表颁发了捐赠证明书和捐赠纪念牌。北京建大资产经营管理有限公司党委书记祖维中代表捐资企业发言。

校长张爱林在捐赠仪式上讲话。他首先代表学校对北京建大资产经营管理有限公司及所属企业向学校基金会捐赠表示衷心的感谢，他讲到，多年来资产公司为学校的发展做出了重要贡献，资产公司的同志们对学校有深厚感情。他对北京建大资产经营管理有限公司发展也提出了殷切的希望。

多位校友在校庆大会上向母校捐赠

2016年10月15日，庆祝北京建筑大学建校八十周年大会隆重举行。

我校校友、著名书法家爱新觉罗.启骧先生向学校捐赠他题写的办学理念书法作品"立德树人 开放创新"。香港七星国际控股集团董事局主席李金松捐赠1000万港元专门设立北京建筑大学科技创新基金。河南校友分会捐款50万元人民币用于建设校训石。校长张爱林代表学校给启骧先生、李金松主席、河南校友分会会长、河南万里路桥集团股份有限公司党委书记付建红颁发捐赠证书。

校办企业、退休教师向北京建筑大学教育基金会捐赠签约仪式举行

2016 年 12 月 9 日，我校校办企业北京市建设机械与材料质量监督检验站（以下简称：检验站）、图书馆已故退休教师马元德向我校教育基金会捐赠签约仪式在西城校区第八会议室举行。纪委书记何志洪，党委副书记、校友会常务副会长张启鸿，检验站法人孙义，马元德亲属邢虹毅女士，基金会、校友会、机电学院班子成员和图书馆有关人员参加了仪式。仪式由沈茜主持。

检验站向我校基金会定向捐赠 50 万元，主要用于实验室建设。马元德生前委托亲属向我校图书馆捐赠 1 万元图书和 1 万元助学金。

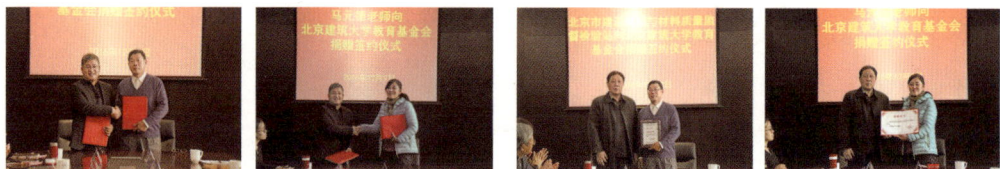

白莽代表基金会分别同孙义、邢虹毅签署捐赠协议　何志洪代表学校向孙义、邢虹毅颁发捐赠纪念牌和捐赠证书

张启鸿分别向企业和马元德亲属对学校的深情厚爱表示感谢。他指出，学校的发展离不开广大师生、校友和社会各界人士一如既往的关心和支持。他希望机电学院和图书馆、基金会使用好善款，共同推动学校又好又快发展。

我校举办北京榆构教育基金项目捐赠签约暨年度奖励颁发仪式

2016 年 12 月 14 日，北京榆构教育基金项目捐赠签约暨年度奖励颁发仪式在大兴校区学 E 报告厅举办。副校长李爱群出席仪式，北京榆构有限公司、学校教育基金会、研究生工作部、学生工作部、土木与交通工程学院（以下简称土木学院）负责人、师

生代表近 200 人参加了活动。

北京榆构有限公司副总经理杨玉启与北京建筑大学教育基金会理事长白莽共同签署了捐赠协议，捐赠金额 15 万元，分五年实施。北京榆构教育基金项目设立评选"北京榆构教育基金大学生奖学金"和"北京榆构教育基金教书育人奖"。

李爱群代表学校向北京榆构有限公司颁发捐赠纪念牌，感谢榆构公司支持教育、捐资助学，高度赞扬了榆构公司与我校在加强校外实践教学、校企合作培养创新人才等方面所做的努力，对土木学院整合企业和校友资源、促进人才培养等方面取得的成绩给予充分肯定，希望校企之间进一步深化合作，取得更加丰硕的成果。

北京榆构有限公司副总经理杨玉启代表总经理王玉雷发言，对北京建筑大学长期以来的支持表示感谢，对本年度获奖师生表示了祝贺。他指出，自 2015 年与北京建筑大学签署校外实践教学基地以及产学研研究生培养基地以来，双方领导非常重视，对合作前景均表示了美好的愿望。

签约仪式结束后，举行了颁奖仪式。

北京建筑大学教育基金会获得北京市 2016 年度公益性捐赠税前扣除资格

2017 年 4 月，北京建筑大学教育基金会获得北京市 2016 年度公益性捐赠税前扣除资格。

北京市 2016 年度获得公益性捐赠税前扣除资格的公益性社会团体名单（大学基金会部分）。

北京市建筑设计研究院有限公司向北京建筑大学教育基金会捐赠签约仪式举行

4月19日，北京市建筑设计研究院有限公司向北京建筑大学教育基金会捐赠签约仪式在北京市建筑设计研究院有限公司举行。北京市建筑设计研究院有限公司党委书记、董事长朱小地，党委副书记、董事、总经理徐全胜，党委副书记、董事、副总经理张青，党委副书记、副董事、副总经理、1983级建筑学专业校友张宇，副总经理、1988级工民建专业校友郑琪，副总经理郑实以及运营部、人力资源部、办公室负责人，我校校长张爱林，副校长张大玉以及党政办公室、高精尖中心办公室、教育基金会负责人参加仪式。仪式由郑琪主持。

北京市建筑设计研究院有限公司党委书记、董事长朱小地热情洋溢地致辞，热烈欢迎我校考察交流。

校长张爱林首先代表学校感谢北京市建筑设计研究院有限公司长期以来对我校的大力支持，感谢捐资支持我校事业发展。希望与北京市建筑设计研究院有限公司携手，把服务北京的文章做好、做实。他诚挚邀请更多的北京市建筑设计研究院有限公司专家加盟北京未来城市设计高精尖创新中心建设中，为首都北京新定位共同提供更多的创新人才和创新成果支撑。

北京市建筑设计研究院有限公司党委副书记、董事、总经理徐全胜，我校副校长张大玉也表达了进一步在产学研结合等方面合作的意愿。双方还共同观看了北京市建筑设计研究院有限公司宣传片。

最后，北京建筑大学教育基金会理事长、党政办公室主任白莽与北京市建筑设计研究院有限公司党委委员、董事、人力资源部部长李维峰签署了捐赠协议。

张爱林向北京市建筑设计研究院有限公司颁发捐赠证明书和捐赠纪念牌。

签约仪式在合影留念中圆满结束。

以上内容来源于北京建筑大学新闻网、北京建筑大学教育基金会主页　编辑：沈茜

北京建筑大学校友会《北建大人》征稿启事

由北京建筑大学校友会创办的正式出版物《北建大人》于 2016 年 10 月创刊。诚挚地邀请海内外校友及关心北建大的朋友赐稿。

《北建大人》栏目：校史撷英、今日建大、校友风采、校友文苑、我与北建大、校友企业、校友会掠影（含各分会）等。

投稿内容：缅怀母校，恩师，怀念同学的文学作品；校史资料及校史人物介绍；对学校发展进言献策；各行各界校友业绩、校友创业经历、校友书画、摄影、手工等艺术作品等。也望积极推荐各地报刊上发表的有关校友事迹的文章。

来稿及其他作品，请注明作者姓名、在校时间、专业，现在（或退休前）工作单位、工作经历、个人艺术简历，职务、职称，联系方式，来搞是否同意删改等信息。

投稿邮箱：xiaoyou@bucea.edu.cn

欢迎亲爱的校友们赞助订阅《北建大人》

《北建大人》是第一本校友们自己的刊物。目前，每年正式出版 1 期。诚挚欢迎校友们通过赞助订阅的方式支持《北建大人》持续蓬勃发展，最终实现"由北建大人支持，为北建大人服务"的目标。校友会将按照《北京建筑大学捐赠致谢办法》致谢，颁发纸质版捐赠证明书，在媒体上致谢，并赠阅《北建大人》。

赞助订阅与致谢方式

方式	捐赠金额	致谢方式
年度赠阅	100 元	赠阅当年及次年《北建大人》
终身赠阅	1000 元及以上	终身赠阅《北建大人》

捐赠方式

1.邮局汇款

北京市西城区展览馆路 1 号北京建筑大学校友办公室收   邮编：100044

2. 银行汇款　　户名：北京建筑大学教育基金会　　开户银行：招商银行股份有限公司北京阜外大街支行　　账号：110923242810302

3. 微信转账

通过北京建筑大学基金会微信平台，捐赠至资助出版《北建大人》项目

4. 现场捐赠　　北京建筑大学西城校区行政一号楼 204 房间。

联系人　沈　茜　010-68322151，E-mail：shenqian@bucea.edu.cn

　　　　赵　亮　010-68322158，E-mail：zhaoliang@bucea.edu.cn

北京建筑大学校友会简介

北京建筑大学校友会在北京市教育委员会领导下，成立于 1992 年。2003 年 10 月在北京市民政局正式登记注册并获得批准的社会团体。

北京建筑大学校友会的宗旨是遵守国家宪法、法律、法规和国家政策，遵守社会道德风尚。通过开展多种形式联谊和交流活动，团结和激励校友发扬母校的优良传统，为国家的城市现代化建设和母校教育事业发展贡献力量。

根据章程规定，校友会已经成立了各学院、地方分会和青年分会。校友会组织了联系校友、服务校友的活动，还号召校友积极参与更名大学、校庆、新校区建设等学校重大活动，取得了很好的效果。

北京建筑大学校友会将继续打造线上线下的"校友之家"，为海内外校友搭建平台，创造发展机遇，继续使校友会成为校友与母校之间、校友与校友之间增进交流、密切联系的合作共赢的桥梁，情感联系的纽带，校友温暖的家园。

亲爱的校友，让我们携手共进，创造美好明天！

校友会地址：
地址：北京市西城区展览馆路 1 号行政 1 号楼 204
邮箱：xiaoyou@bucea.edu.cn
网址：http://xyh.bucea.edu.cn
电话：80-10-68322151　　68322158

校友会微信公众平台

北京建筑大学教育基金会简介

北京建筑大学教育基金会成立于 2016 年 8 月，是经北京市教育委员会批准成立，在北京市民政局正式登记注册的高等教育教领域非公募基金会和慈善组织。具备非营利组织免税资格和公益性捐赠税前扣除资格。

我们的使命

在北京建筑大学和基金会理事会的领导下，致力于加强北京建筑大学与国内外各界的联系和合作，汇聚爱心，筹集并管理海内外各界朋友和校友捐赠的资金，凝聚各方兴学力量，积极肩负社会责任，促进教育事业发展。

我们的工作

北京建筑大学教育基金会紧紧围绕"服务建大战略、坚持科学发展，加快推进学校建设国内一流、国际知名、具有鲜明建筑特色的高水平、开放式、创新型大学"的总体目标，锐意进取、团结协作，通过设立学生奖助学金、教师奖励基金、校园文化发展基金、学术科研资助基金、基础设施建设基金等，为学校发展的各个领域提供有力的资金支持，成为北京建筑大学发展进步的财政支柱之一和重要推动力量。

我们的管理

秉承"规范、透明、效益、安全、服务"的方针，认真负责各类捐赠款和基金会资金的管理，保证捐赠款的使用完全符合捐赠者意愿和基金会宗旨，确保资金投资稳定安全和合理收益。

诚挚欢迎国内外有志之士、慈善人士、关心教育事业的各界人士与我教育基金会联系合作，您的善举将最大化的服务于教育公益项目，促进我国教育事业的发展。我们将根据《北京建筑大学接受捐赠答谢办法》对捐资助学的个人和团体致谢！

联系办法：
地址：北京市西城区展览馆路 1 号北京建筑大学行政 1 号楼 206 室
电话：010-68322151　　基金会主页：http://jyjjh.bucea.edu.cn/
邮箱：buceajjh@bucea.edu.cn

微信公众号